Gülhan Karadağ Ağkurt

Dinlerin Çevre ve Ekolojiye Bakışı

Gülhan Karadağ Ağkurt

# Dinlerin Çevre ve Ekolojiye Bakışı

Türkiye Alim Kitapları

**Impressum / Künye**
Bibliografische Information der Deutschen Nationalbibliothek: Die Deutsche Nationalbibliothek verzeichnet diese Publikation in der Deutschen Nationalbibliografie; detaillierte bibliografische Daten sind im Internet über http://dnb.d-nb.de abrufbar.


Deutsche Nationalbibliothek tarafından yayınlanan bibliyografik bilgiler: Deutsche Nationalbibliothek, bu yayını Deutsche Nationalbibliografie'de listeler; detaylı bibliyografik bilgi İnternet'te http://dnb.d-nb.de sitesinde mevcuttur.


Coverbild / Kitap kapağı resmi: www.ingimage.com

Verlag / Yayıncı:
Türkiye Alim Kitapları
ist ein Imprint der / yayınevinin bir ticari markasıdır
OmniScriptum GmbH & Co. KG
Bahnhofstraße 28, 66111 Saarbrücken, Deutschland / Almanya
Email / E-posta: info@turkiye-alim-kitaplary.com

Herstellung: siehe letzte Seite /
Basım yeri: son sayfaya bakın
**ISBN: 978-3-639-81325-8**

Zugl. / Approved by: Atatürk Üniversitesi, 2015

# Dinlerin Çevre ve Ekolojiye Bakışı

**Gülhan Karadağ Ağkurt**

# ÖNSÖZ

Egosentrik yaklaşım insanı doğanın merkezine koymakta ve bu zihniyet doğanın ve doğal kaynakların sömürülmesinin yolunu açmaktadır, oysa gerçekte insan bu tabiatın sadece bir parçası olsa olsa onu korumakla görevli bir kahyadır. Tabiat, yaratıcının bir eseridir ve insan sadece bir emanetçidir. Maddiyatçı dünya görüşünün tersine neredeyse bütün dinler, insanlara doğaya saygılı olmayı öğütlemektedirler.

Eserde, dünyadaki yaygın dinler olan İslamiyet, Hıristiyanlık, Yahudilik ve daha çok inanç sistemi olarak görülen Budizm ve Hinduizm'in doğa ve evren görüşlerine yer verilmiştir.

Birinci bölümde; ekoloji ve din kavramları, bunların birbirleri ile ilişkileri incelenmiş, çevre sorunları ve bunların boyutları analiz edilmiştir. Çalışmanın ikinci bölümünde, mistik inançlarda - Budizm ve Hinduizm- doğaya ve çevreye verilen değer tartışılmıştır. Üçüncü bölümde ise ilahi kaynaklı dinler –İslamiyet, Hristiyanlık ve Yahudilik - tanımlanmış ve bu dinler tarafından doğaya verilen değer, tartışılmıştır.

Her zaman manevi desteği ile yanımda olan büyükbabam ve babam Aslan-Erdal KARADAĞ, kıymetli ailem, kardeşlerim ve Erdal EFE, Arda, Ecrin, Talha ve Abdurrahman hayatımı güzelleştiren insanlar olarak iyi ki varsınız.

Sevgili kızım Hira Nur, çalışmamı okuduğun zaman böyle güzel bir konuda bir eser meydana getirmenin verdiği şevk ve mutluluğunun yanı sıra bu çalışmanın senden çaldığım vakitlerin hüznünü de taşıdığını bilmeni isterim.

**Gülhan Karadağ Ağkurt**

# İÇİNDEKİLER



## BİRİNCİ BÖLÜM
## DİN VE EKOLOJİ İLİŞKİSİ



## İKİNCİ BÖLÜM
## MİSTİK İNANIŞLAR VE EKOLOJİ



## ÜÇÜNCÜ BÖLÜM
## İLAHİ DİNLERDE TABİAT ANLAYIŞI

# GİRİŞ

Küreselleşmenin etkisiyle uluslararası bir boyut kazanan çevre kirliliği konusu artık uluslarüstü toplantı ve müzakerelerin en önemli konularından biri haline gelmiştir. Öyle ki, çevre sorunsalı dünya ülkeleri için bir milli güvenlik problemi olma eşiğini çoktan aşarak uluslararası güvenliği, evrenin geleceğini ciddi şekilde tehdit eder boyuta ulaşmıştır. Gittikçe daha karmaşık hale gelen bu sorun; ekonomik, sosyal, siyasal, etik hatta dini boyutu olan çoklu bir çözümler demetiyle çözülmeye çalışılmaktadır.

Modernite ile akıl ve insan merkeze alınarak, toplumsal yaşam rasyonalize edilmiş, Tanrı merkezli dünya görüşü yerine, insanı merkeze alan bir anlayış benimsemiştir. Bu sebeple, meşruiyetini dinden alan teolojik yönetim anlayışı, yerini laik iktidara bırakarak, din, toplumsal yaşamdan geriletilerek, insanın ve bilimin özgürleşmesi ilkeleştirilmiş insanın özgürlüğü fikrinin yaygınlaşıp güçlenmesi ve bu fikrin tüm siyasi ve felsefi düşüncenin merkezine oturması, modernitenin belirleyici unsurları arasına girmiştir. Bu süreçte, insanın aklını kullanarak doğa ve kendisi ile ilgili bilgisini arttıracağı varsayılmıştır.[1]

İnsanı ve onun gerekli olanlar dışında gereksiz ve lüks ihtiyaçlarını evrenin merkezi haline getiren bu anlayışın tehlikeleri ancak doğal yaşamın ve türlerin yok olma tehlikesiyle yüz yüze geldiği bu çağda idrak edilebilmiştir. Tanrı'nın kovulduğu alanlara beşeri arzu ve açgözlülük hakim olmuş, insan kendini bir anda sadece küçük bir parçası olduğu dünyanın sahibi olarak görmeye başlamıştır.

Dünyanın ortak sorunu haline gelen çevre kirliliği tehdidi her ne kadar maddi çevrenin kirlenmesiyle eş anlamlı tutulsa da doğal mirasa sadece materyalist ve kar amaçlı dar bir açıdan yaklaşan manevi kirliliğin ve iflah olmaz bir açgözlülüğün getirdiği sorunlar olarak görülmedikçe bu konuda gerçek manada çözümler üretilmek istenmesi bir ütopyadan öteye gidemeyecektir.

---

[1] Gamze Aslan Yaşar, "Ortaçağdan Günümüze "Modernite": *Doğuşu ve Doğası Adıyaman Üniversitesi Sosyal Bilimler Enstitüsü Dergisi*, Yıl : 4 Sayı : 7 Aralık 2011, 12.

Modernite ile beslenen ve onunla koşut ilerleyen çevre ve ekoloji sorunsalı makro boyuttan mikro boyuta inmedikçe, toplumdaki bireyler çevre sorunları konusunda kendilerini de sorumlu hissetmedikçe çözüm konusunda yol alınabilmesi de oldukça zor görünmektedir. Bu durumda din mefhumunun insanlar üzerindeki tartışılmaz etkisi dikkate alınarak, inanç sistemlerin tabiat ve çevre hakkındaki olumlu ve yapıcı bakış açılarının toplumun bu konuya duyarlılığını artıracağını varsaymak yanlış olmasa gerektir.

Çevre konusunda yıllardır somut bir takım önlemler üzerinden çözüm üretilmeye çalışılmışsa da, bu konuda önemli bir gelişme sağlanamadığı ortadadır. Bu durum ise bugün çevre konusunda yaşanan sorunların temelinde var olan nedenlerin araştırılması ve bu bağlamda önlenemez şekilde büyüyen problemlerin kaynağına denenmiş yollardan daha farklı bir çerçeveden yaklaşılması gereğini doğurmuştur. Bu eser, çevre sorunlarının çözümü konusunda dini-mistik argümanlar üzerinden alternatif bakış açıları ortaya koyma çabası ile kaleme alınmıştır. Dini inanışların doğaya bakış açıları irdelendiğinde insanlığın manevi- dini değerlerden uzaklaştıkça doğaya da yabancılaştığı görülmektedir. İlk insandan bu yana, toplumları birbirine bağlayıcı en önemli unsurlardan biri olan dini inanışlarda, çevrenin ve canlıların korunması konusundaki temayül ve emirlere sıkça rastlanması sorunun temelini oluşturan, manevi kirlilik ve tabiata olan bu yabancılaşmanın nasıl aşılabileceği konusunda insanlığa yeni bir ufuk açabilecektir.

# BİRİNCİ BÖLÜM

## DİN VE EKOLOJİ İLİŞKİSİ

Din ve ekoloji oldukça geniş kapsamlı ve birbirinden ayrı kavramlarmış gibi gözükse de, dini referansların insanlığın yaşamında hala önemli etkileri olduğu göz önüne alındığında ekolojik yıkımın nedenlerinin, sonuçlarının insanlığın egosantrik eğilimleri ve sadece bu dünya ile sınırlı olan maddi hırslarıyla ilişkili boyutunun ortaya çıkarılabilmesi açısından ele alınması önem arz etmektedir.

Yaratıcının eşsiz eseri olan kainata bakış açısını ilk çağlardan bu yana derin bir şekilde etkilemiş olan dinler ve inanç sistemleri, insan – tabiat ilişkisine etkili bir şekilde yön vererek yüzyıllar boyunca doğanın Yaratıcı'nın bir emaneti olduğu fikrinin yerleşmesine yardımcı olmuştur. Dini inançların yerini maddi gayeler almaya başladıkça Bacon'la zirveleşen doğayı av, insanı iflah olmaz bir avcı (*Chasse de Pan*)[2] olarak gören zihniyet ağırlık kazandıkça "emanet olarak insana verilen doğa fikri" yerini, üretim ve tüketim güdülerini doyurmak üzere yağmalanarak, boyunduruk altına alınması mübah görülen doğa, yaklaşımına bırakmıştır. Yahudi ve Hıristiyan dinsel anlayışının etkisinde biçimlenen Batı kültürü, büyük değişimlere uğramış olsa da hala bu inançlar çerçevesinde, İncil'deki "Macht euch die Erde untertan" ayetinde mealen "doğa insanın hizmetine sunulmak için Tanrı tarafından yaratılmıştır" beyanı doğrultusunda insanın, dünya üzerindeki bütün canlılardan farklı olup, diğerleri üzerinde egemen olduğu ve tabiatın sadece bir meta olduğu tezi ile doğayı tahrip etmeyi hak olarak görmektedir.[3] Oysa doğaya Yaratıcı'nın bir eseri olarak bakıldığında onun sömürülmek için değil insanların ihtiyaçlarını karşılamak için insanın hizmetine sunulduğu anlaşılmalıdır.

---

[2] İbrahim Uslu, Çevre Sorunları, *Kainat Tasarımındaki Değişimden Ekolojik Felaketlere*, İnsan Yayınları, İstanbul 1995, 65.

[3] Selim Kılıç, "Modern Topluma Ekolojik Bir Yaklaşım", *Kocaeli Üniversitesi Sosyal Bilimler Enstitüsü Dergisi,* 12(2), 2006, 114.

Doğaya karşı "sahip olma" ve "emanet olarak görme" şeklinde iki temel yaklaşımı olan insan, Fromm'un da belirttiği gibi, sahip olma eğilimiyle tabiatı dilediğince kullanabileceğini düşünmekte ve "kullan, tüket ve at" anlayışıyla aşırı tüketim alışkanlıklarını körüklemektedir. Doğayı kendisine verilen bir emanet olarak algılayan insanın doğa algısı ise bu sorumluluk içerisinde davranışlarına yön vererek gerektirdiği şekliyle gerektiği kadar ondan istifade etmek şeklinde olmaktadır.[4] Pisagor gibi birçok düşünür ve filozof normal şartlarda kendi ekolojik dengesini muhafaza eden tabiat düzeninin bir aritmetik bir sayısal düzen içerisinde şekillendiğini ve tabiatın tesadüf sonucu ortaya çıkmadığını savunmaktadır.[5] Ancak son yüzyılda insanda, doğanın başıboş bir şekilde, üzerinde hakimiyet kurulmak üzere yaratılmış olduğu gibi son derece yanlış ve zararlı bir algı uyanmaya başlamıştır. Böylelikle gelecek nesillere, en doğal hakkı olan yaşanabilir bir dünya yerine kaynakların hızla tükendiği, harap olmuş bir dünyanın miras olarak kalması muhtemeldir. Bu nedenle doğayla eski uyumlu günlere dönülebilmesi için dini inançların tümünün belki bir asırdır çevreci düşünürlerce insanmerkezci (*antropocentric*) eğilimler taşıdığı yönünde karalandığı söylemlerin artık aşılarak, inanç sistemlerinin ekolojik hareketlerle karşı karşıya getirilmeden bazı noktalarda yol gösterici referanslar olarak ele alınması bu çevre sorunsalına kısmi çözüm olması yönünde hiç olmazsa bir çıkış noktası yaratabilecektir.

## 1.1. EKOLOJİNİN KURAMSAL KÖKENLERİ

Yunanca *oikos* (ev-yurt) ve *logos* (akıl, kelâm) kelimelerinin bir araya gelmesiyle oluşmuş olan "Ekoloji" terimi sadece canlı - çevre ilişkilerinin incelenmesi anlamında kullanılan "biyoloji" kelimesinin yerine kullanılmaktayken, Haeckel, ekoloji ile en geniş manada bütün var oluş şartlan da dahil olmak üzere, organizmanın çevre ile olan münasebetlerini, inceleyen bilimin kastedildiğini ifade etmiş, Odum ise "Ekoloji, organizmaların veya organizma gruplarının yaşadıkları

---

[4] Ali Ayten, "'Sahip Olma' mı 'Emanet Görme' mi? -Çevre Bilinci ve Dindarlık İlişkisi Üzerine Bir Araştırma", *Dinbilimleri Akademik Araştırma Dergisi*, 10(2), 2010, 206.
[5] Mustafa Türkgülü, *İnsan ve Çevre*, Erişim Tarihi: 16.01.2015, http://www.diyanetdergisi.com/diyanet-dergisi-30/konu-501.html,

çevre ile münasebetlerinin incelenmesi, veya canlı organizmaların yaşam ortamlarıyla karşılıklı ilişkilerini inceleyen bilim dalı olarak tarif edilir" şeklinde benzer bir tanım getirmiştir.[6]

Başlangıçta biyoloji biliminin bir alt dalı olarak hayvan ve bitki türlerinin çevreleriyle olan ilişkilerini araştırmaya yönelik bir bilim dalı olarak kabul gören[7] ekoloji, doğa ortamında canlı olmayan komponentler; ışık, su, rüzgâr, toprakta besinler, ısı, güneş radyasyonu, atmosfer, vs ile canlılar, bitkiler, hayvanlar, toprakta yaşayan mikroorganizmalar arasındaki etkileşimlerini inceleyen bir bilim dalı olarak ortaya çıkmış[8] maalesef son dönemlerde insanlığın bu varlıklar üzerindeki sınır tanımaz nitelikteki tasarruflarının getirmiş olduğu büyük sorunlarla eşanlamda kullanılır olmuştur.

### 1.2.1. Ekolojik Çeşitlilik

Yaşayan organizmaların karşılıklı ilişkileri ve bunların çevrelerinin incelenmesi ekolojinin temel konusu olup canlılar dünyasını oluşturan mikro organizma hayvan, bitki, insanlar arasındaki ilişkilerin ilkelerini ve esaslarını arayıp bulmak ekolojik araştırmaların çıkış noktalarını oluşturmaktadır.[9]

Son birkaç on yıldır insanların yapıp ettiklerinin doğayı bütünüyle tahrip eder boyuta gelmesi kavramın tanımını genişletmiş, ekoloji bilimini canlı veya cansız yaşamın tüm öznelerinin birbiri içerisine geçmiş olduğu bir temele dayandırmıştır.

Matematik, kimya, fizik, sibernetik gibi bilimsel disiplinlerin birinci derecede ilgisini çeken, çevre sorunlarının nedenlerinin belirtilmesinde ve bunlara çözüm aramada verilerine başvurduğu ekolojinin araştırma alanı Anadolu uygarlığında "Kybele", Antik Yunan Uygarlığında 'Gaia', Amerika yerlilerinin kültüründe 'İna',

---

[6] Ö. Faruk Noyan, *Dünden Bugüne Ekoloji Gerçeği*, http://ekoloji.com.tr/resimler/1-3.pdf., 23.11.2014

[7] Mine Kışlalıoğlu ve Fikret Berkes, *Çevre ve Ekoloji*, Remzi Kitabevi, İstanbul 1997, 16.

[8] *What is Ecology*? www.worldofteaching.com/powerpoints/.../What%20is%20Ecology.ppt., 01.03.2014

[9] Necmettin Çepel, *Genel Ekoloji*, Matbaa Teknisyenleri Basımhanesi, İstanbul 1983, 4.

Uzakdoğu uygarlıklarında Ying Yang olarak adlandırılan, dünyanın integral enerjisidir ki ekosistem, bu enerji yasaları ve oluşturduğu sistemi ifade eder.[10]

En basit tanımıyla canlılığı, yani yaşamın çeşitliliği ve yeryüzündeki yaşam ve onunla ilgili her şeyi Biyoçeşitlilik tanımına dahil edebiliriz ve bu tanım bir bölgedeki genlerin, bu genleri taşıyan türlerin, bu türleri barındıran ekosistemlerin ve bunları birbirine bağlayan ekolojik olayların tamamını kapsar.[11] İşte ekolojinin temelini oluşturan Ekosistem, bu yaşam formlarının birbirleri ve çevrelerindeki cansız nesnelerle olan etkileşimini ifade eder. Artık geç de olsa, bilim insanları çevre felaketlerinin art arda yaşandığı gezegenimizin kurtuluşu için evrenin büyük bir "Ekosistem" olduğunu ve yaşamsal öğeleri (canlı veya cansız) içiçe geçmiş bir çarkın dişlileri gibi kabul etmekten başka bir yolun kalmadığını her fırsatta dile getirmektedirler.

"Gaia Hipotezini" ileri süren Lovelocke ve Margulis tüm dünyanın tek bir canlı organizma olduğunu, dünyanın canlı bir gezegen olduğunu ileri sürerler. Buna göre onun özellik ve faaliyetleri parçalarının toplamından çıkarılamaz, dokularının hepsi birbirine bağlıdır, ekolojinin bütüncül bir yapısı çerçevesinde çevre artık "bütün dünya"dır. [12]

## 1.2.2. İnsan Ekolojisi ve Doğa

İnsan-çevre ilişkileri, çevre sorunları nedeni ile ekolojide ön plana geçerek "İnsan Ekolojisi" ve bununla ilişkili olarak Tıbbi Ekoloji ve Biyoekoloji gibi ekoloji alt dallarının ortaya çıkmasına zemin hazırlamıştır.[13]

*Homo economicus*-ekonomik insan modeli ekolojik düşünen insanın yerine geçtiğinden bu yana tabiat bir daha eski günlerine dönemeyecek şekilde bir tahribata maruz kalmıştır.

---

[10] Ertan Kıvılcım Akkoyunlu, "Çevre Etiği", *Amme İdaresi Dergisi*, 31(1), Mart 1998, 131.
[11] Mehmet Karabal, *Biyolojik Çeşitlilik Kavramı*, http://cevreegitimi.weebly.com/7-b304yoloj304k-ccedile350304tl304l304k.html., 01.07.2015
[12] Uslu, 18.
[13] Çepel, 12.

Sanayi devrimine kadar doğayla içkin toplum modeli; sermaye, tüketim, sınırsız büyüme ile içkin toplum yapısına bürünmüştür. İşte tabiatın sonunu getiren tipik insanmerkezci (*antropocentric*) anlayışa göre, "Ruhu sayesinde insan; düşünen, amaçları ve niyetleri olan, akıllı olan tek varlıktır. Bu özellikleriyle insan, diğer varlıklardan tamamen farklıdır ve yeri onların üstündedir. İnsan dışında kalan ruhsuz doğa, birbirinden ayrı ve kopuk cansız atomlardan oluşur ve mekanik ilkelere göre, ereksiz, ne yaptığını bilmeden işleyen kocaman bir makinedir. Doğa, insan için yaratılmıştır, insan için vardır; insanın, gereksinmelerini gidermek için kullanabileceği ya da sömürebileceği bir kaynak olmaktan öte bir değere sahip değildir."[14]

Oysa insan ekolojisi, kültürün, tabiatın, yaşam sevgisinin bir sonucu olarak insanla birlikte doğar ve gelişir. Bunun yadsınması günümüzdeki gibi yalnız, eyyamcı ve sadece tüketmeyi, tahrip etmeyi amaç edinmiş insan topluluklarının ortaya çıkmasına sebep olmuştur.

Mekanik dünya görüşü, bu noktada evren ve organizmalar nasıl atomların bir araya gelmesiyle oluşuyorsa toplumun da birer atom olan insanların bir araya gelmesiyle oluştuğunu iddia ederek toplumu, Platon, Kant, Hobbes ve Freud'un görüşleri doğrultusunda günahkar iştah ve eğilimlerle dolu, bencil ve çıkarcı bireylerin oluşturduğu tezini savunur. Bu görüşte doğaya, yaşamsal birlikteliğe, ekolojik bağlılığa dair hemen hemen hiçbir sava yer verilmemektedir. Ancak daha sonra Rousseau ve Locke gibi "Aydınlanma Çağı Düşünürleri" yeni bir yol açmış insan merkezciliğin sonuna kadar savunulduğu mekanik dünya görüşüne tezat olarak 'insan doğası', 'fiziksel doğa' gibi argümanlarla ekolojik görüşe kapı aralamışlardır.[15] 16. yüzyıl sonlarından bu yana *Homo- Economicus* - Ekolojik İnsan ikilemi bu yörüngede bir ileri bir geri gidip gelmiştir.

---

[14] Abdulkadir Çüçen, *Derin Ekoloji*, Erişim Tarihi: 17.04.2014, http://blog.aku.edu.tr/ometin/files/2011/12/derinekoloji.pdf.
[15] Hasan Ünder, *Çevre Felsefesi*, Doruk Yayımcılık Ankara 1996, 74.

Oysa Dini kitaplar ve öğretiler asırlar öncesinden doğrudan bu şekilde bir adlandırmada bulunmamış olsalar da ekolojik insan modelini salıklamış, dini kıssalar ve ayetler her fırsatta doğayla uyum içinde ideal insan ve toplumu betimlemişlerdir.

Yaygın dinler açısından duruma bakıldığında yaratıcının sanatının ürünü olan tabiatın ihtişamı, doğal nizam kısacası yerle gök arasındaki her şey hürmete değer görülmüş, insana "mutlak bir sahip'' gözüyle değil olsa olsa bir kahya, bir emanetçi gözüyle bakılmıştır.

Zaim'e göre, kaynakların bilinçsizce tüketilmesi noktasında "insan davranışında dengeli olacaktır. O sadece bir *homo-economicus* değil aynı zamanda Allah'ın yeryüzündeki halifesi, Eşref-ül mahlukattır. Hayatın düsturu: Doğru yaşama, ahlaklı olma, yeteneklerini iyi kullanmaktır."[16] diyerek Hristiyanlıkta ki insanın yeryüzündeki kahyalık rolüne benzer bir insan modelini işaret eder.

Başlangıçta "İnsanın İstisnalığı Paradigması" tarafından koyulan "Disipliner körlükler"[17] ancak insanın doğanın merkezi değil sadece bir parçası olduğu anlaşıldığı zaman düzeltilebilecek ve maddi dünya hırsından sıyrılarak manevi değerlere yönelindiği ölçüde tabiat eski huzurlu günlerine kavuşabilecektir.

## 1.2. EKOLOJİK KRİZİN BOYUTLARI

İlkel çağlardan ortaçağın bitimine kadar olan dönemde, insanların doğa karşısındaki mücadelesinin doğal sonucu olarak tabiatta çeşitli tahribatlar yapıldığı ve kirlilik oluştuğu bilinmektedir.

Avcı-toplayıcı kültürlerin büyük hayvan sürülerini uçurumlara sürüklemesi, tarım devrimiyle birlikte arazi açma ve bunun sonucu olarak, büyük ölçülerdeki ormansızlaşma, toprakta tuzlanma ve çölleşme, ortaçağda yeterli ve etkin kanalizasyon sistemlerinin olmaması ve bunun yol açtığı sorunlar, kirli su kaynakları

---

[16] Sebahattin Zaim, *İslam ve İktisadi Nizamı*, Zafer Matbaası, İstanbul 1979, 39.
[17] Necmettin Özerkmen, "İnsan Merkezli Çevre Anlayışından Doğa Merkezli Çevre Anlayışına, From Antropocentric Perspective to Eco- Centric Perspective". *Ankara Üniversitesi Dil ve Tarih-Coğrafya Fakültesi Dergisi* 42(1-2), 2002, 177-178.

ve kitlesel ölümlere yol açan bulaşıcı hastalıkların ortaya çıkması, bunlardan belli başlılarıdır.[18]

Yaklaşık 4,6 milyar yaşındaki dünyanın başına gelmiş büyük felaketler denince akla savaşlar ve doğal afetler gelmektedir. Ancak gerek ülkeler arası savaşların, gerekse doğal afetlerin etkisi bir taraftan süreli olurken, diğer taraftan da etkileri lokal olmuş, sadece belli bir coğrafyayı etkilemiştir.[19]

Oysa bugün baş döndüren bir hızla gelişen teknoloji ve kontrolsüz artan nüfus artık lokal çevre tahribatını geride bırakarak global olarak insan neslinin ve doğanın geleceğini tehdit ederek uzun vadede gittikçe kötüleşecek olan sonuçlara gebedir. Bu sonuçlar sadece tabiatın tahrip edilmesi noktasında değil çevresel güvenlik bağlamında da sorunlarla dolu bir döneme girilmesine zemin hazırlamaktadır.

Öyle ki, "doğal kaynakların geri dönülemez biçimde kirletilmesi ve yok edilmesi ekonomik gelişimi sağlayan kaynakları da ortadan kaldırarak, siyasi iktidarı, hukuk düzenini ve barışı tehdit edebilmekte ve yeni çatışma ortamları yaratabilmektedir."[20]

1900 yılında nüfusu bir milyonun üzerinde olan kent sayısı yalnızca on altı iken, 2000 yılında bu sayı üç yüz yirmi altıyı bulmuştur ayrıca on milyonu geçen kent sayısı ise on dörde yükselmiştir.

Forrester, Donella Meadows, Dennis Meadows ve Randers, 1972'de yayınlanan Büyümenin Sınırları (*The Limits of Growth*) adlı kitapta o tarihteki nüfus kaynak kullanımı ve ekonomik eğilimlere dayalı bilgisayar modellerinin sonuçlarını yayımlayarak bu eğilimlerin değişmeksizin sürdüğü takdirde gelecek yüzyıl içinde dünyayı çevresel ve ekonomik bir çöküşün bekleyeceği sonucuna varmışlardır.[21]

---

[18] Banu Aygün, Ahmet Mutlu, "Ekolojik Toplumun Organik Toplumla İlişkisi Üzerine", *Ankara Üniversitesi SBF Dergisi*, 2006, 61(1), 26.
[19] İbrahim Özdemir, *Çevre ve Din*, Erişim Tarihi: 13.06.2014, http://www.cekud.org.tr/h_img/h_img/%C3%87EVRE %20ve%20D%C4%B0N.pdf.
[20] Elif Çolakoğlu, "Çevresel Güvenlik ve Türk Dış Politikası –Türk Dış Politikasında Güvenlik Arayışları Temel Faktörler", *Kavramlar Süreç ve Gelişmeler,* (Ed.: M.Seyfettin Erol, Ertan Efegil), Barış Platin Yay., Ankara 2012, 349.
[21] Des Jardins, 150-151.

2002 yılında Doğal Yaşamı Koruma Fonu (*World Wildlife Fund- WWF*) tarafından yayınlanan raporda dünyanın doğal kaynaklarının insanoğlunun yağma etmesine ve yemesine daha fazla dayanamayacağı uyarısında bulunularak Batı ülkelerindeki tüketim çılgınlığı kınanmış tüketim düzeylerinin hızla aşağı çekilmesi önerilmiş, "Living Planet'' isimli raporda ise gelecek 50 yıl içinde denizlerde balık kalmayacağı, ormanların yok olacağı ve tatlı su kaynaklarının azalacağına dikkat çekilmiştir.[22]

Ekolojik dengenin hem üretim hem tüketim hem nüfus artışı gibi geniş bir yelpazede ve önemli sacayakları üzerinde durduğunu düşünürsek tehlikenin büyüklüğü ortadadır.

Çok boyutlu olarak ve tamamen birbirine bağlı olarak geliştiği için çevre sorunlarının tam anlamıyla çözülmesi imkansız gibi görünmekle beraber en azından bu tahribatın bu süreçten itibaren önlenebilmesi adına maddi dünya görüşü terkedilerek doğayla uyumlu üretim teknikleri geliştirilmeli, gelecek nesillerin manevi dünyalarının tabiat ve doğa sevgisiyle paralel olarak gelişmesi sağlanmalıdır.

Bu noktada çevre sorunlarına çözüm olabilmesi açısından Keleş ve Hamamcı, günümüzde gereksinme duyulan şeyin bir tür ekolojik sözleşme (*contrat écologique*) olduğunu ifade ederler ve 17.ve 18. yüzyıl düşünürlerinin kentsoylu sınıfların durumunu korumak, için toplumsal sözleşmeyi bulması gibi günümüzde de ekolojik bir sözleşme yaparak insanla doğa arasında bir denge kurmanın zorunlu olduğunu savunurlar.[23]

## 1.3. METAFİZİK DÜŞÜNCEYE DÖNÜŞ: DERİN EKOLOJİ

Sürdürülebilir kalkınma kavramının yerini artık yavaş yavaş "küresel ekosistemin sınırlı olduğunu ve insanların sürekli olarak kaçınamayacağı ekolojik kanunlara bağlı olduğunu fark etmesi üzerine dayanan bir kavram olan ekolojik kıtlık kavramı" ve Renshaw'ın azalan verimler kanununa bırakmaya başlaması ile Bolluk

---

[22] *Hürriyet Gazetesi*, "Dünyayı Tükettik Acil Yenisi Aranıyor", 8 Temmuz 2002, 12.
[23] Ruşen Keleş, Can Hamamcı, *Çevrebilim*, İmge Yayınevi Ankara 1993, 175.

Çağı Sonrası'na dönüşün önemi iyice ortaya çıkmıştır. Bu sürecin insan toplumunun geleceğini "Geçici Bolluk Çağ"ındaki beklentilerden çarpıcı bir biçimde farklı olacağını ayırt etmemizi sağlaması beklenirken değişen koşullara başarılı uyum, arkaik dünya görüşleri ve eski bilimsel paradigmalar tarafından ciddi bir şekilde engellenebileceği de göz ardı edilmemelidir. "İnsanın İstisnalığı Paradigma"sını ön plana alan sosyoloji bilimi bu konuda kendi disipliner önermelerini gözden geçirip insanın üstünlüğüne alternatif bir tartışmayı ortaya koymaya çalışmalıdır.[24]

Çevresel sorunların küresel boyutta bir tehdit hale gelmesi bir noktada diğer canlıları göz ardı eden insanlığı kainatın merkezine "gözü doymaz bir avcı" gibi oturtan 'İnsanın İstisnalığı Paradigması'nın bir sonucu olarak ortaya çıkmıştır. Oysa eski düşünce kalıplarını bir kenara bırakıp dünyanın sadece insana özgü değil diğer canlıların hepsini içinde barındıran bir "paradigmalar bütünü'' olarak kabul edersek çevre sorunlarının çözümlenebilmesi yönünde önemli bir kapı açılabilecektir.

İnsanmerkezci (*antropocentric*) anlayışın karşısına kimi zaman canlı merkezci kimi zaman çevre merkezci anlayışa sarılarak çıkan ekolojik hareketlerin temelinde de bu anlayış hakimdir.

Doğaya rağmen insan için kalkınmayı ön plana alan materyalist, bireysel düşünce akımlarından sonra nihayet 'Derin Ekoloji' akımıyla insanın yapıp ettikleri ve bunun zararlı sonuçları hakkında düşünülmeye başlanmıştır. Metafiziğe dönüş olarak adlandırılabilecek bu akım insan- tabiat ikilemine son vererek daha önceki akımların özendirmeye çalıştığı sınırsız büyüme miti ve insan merkezci anlayışa ciddi eleştiriler getirmiştir. Derin ekoloji metafiziği, insanların doğadan ayrı olduğunu, yani sözde 'doğadaki insan' yaklaşımını yadsımaktadır. Tersine Derin Ekolojistler, bir tür metafizik bütüncüllüğü benimsemişlerdir.[25] Daha ileri giderek "Earth First! gibi Derin Ekoloji hareketi içinde yer alan bazı gruplarda insandan nefret eden, insanın yaratıcı gizil güçlerine karşı güvensizlik duyan bir ton vardır. İnsana yöneltilen suçlama Hristiyanlığın günahkar insan anlayışının değişik bir ifadesi

---

[24] Özerkmen, 169.

[25] Des Jardins, Joseph R Jones, *Çevre Etiği (Environmental Ethics An Introduction To Environmental Philosophy)*, (Çev.: Ruşen Keleş), İmge Yayınevi, Ankara 2006, 411.

olarak görülebilir. Arada bir fark vardır. Hristiyanlıkta günah insanın Tanrı'nın emirlerine karşı gelmesinden kaynaklanırken şimdi ise doğanın emirlerine karşı gelmekten kaynaklanır.''[26]

Derin Ekoloji yaklaşımı, özünde çevre sorunlarının metafizik eğilimlerle çözülebileceğini savunurken yaygın dinler gibi evrensel bir etik anlayışına sahip olamayışı bu yaklaşımın etkinliğini belirli ölçüde sınırlamaktadır. Bu noktada yaygın dinler olarak tabir edilen ve etki alanı oldukça geniş olan İlahi dinler ve Budizm ve Hinduizm başta olmak üzere mistik eğilimli inanışlar devreye girmekte etki alanı gittikçe genişleyen çevre sorunlarını dizginlemek üzere son çare olarak görülmektedirler.

## 1.4. DİNİN KÖKENİ VE SINIFLANDIRILMASI

Latincede din, *Religio* sözü ile anlatılır. Bunun iki kökten geldiği ileri sürülmektedir. Çiçeron bu sözcüğün bir işin tekrar tekrar yapılması manasına gelen *Religere* kökünden türediğini yazarken Lactantius ise bu kelimenin bağlanmak manasındaki *Religare* kökünden türediğini bildirmiştir.[27]

"Din, geniş ölçüde insan ile Tanrı arasında bağlılıktır. Her dinin inanç sistemi, ibadetleri ve kutsal değerleri vardır.

Fıtri bir ihtiyaç olarak tezahür eden din mefhumunun tarihi, insanlık kadar eskidir. Bugün tarihçiler ve sosyologlar, dinin insanla doğduğu, beşeri, medeni, hukuki, estetik düşüncelerin ve ilk medeniyet eserlerinin dinden kaynaklandığını ifade etmektedirler.[28] İnsanlık, dini açıdan çeşitli aşamalardan geçmiştir. İlkel insanlar, kendileriyle doğayı birbirinden ayıramamıştır. Bu nedenle tabiat güçlerine tapıldığı dönemler olmuştur. Çok tanrıcı dönemlerde insanlar gizli ruhlara inanmışlar, ya kendi elleriyle yaptıkları putlara, ya da tabiattaki varlıklara tapmışlardır. Dinin en önemli ilkelerinden olan inançlar, kainata ve hayata anlam vermekte insanları derin

---

[26] Ünder, *Çevre Felsefesi*, 131.
[27] Mehmet Taplamacıoğlu, *Din Sosyolojisi*, Ankara Üniversitesi İlahiyat Fakültesi, Ankara 1963, 11.
[28] Osman Cilacı, "Günümüzde Din İhtiyacı ve Din Eğitimi", *Selçuk Üniversitesi İlahiyat Fakültesi Dergisi,* Sayı:3 Konya, 1990, 191.

biçimde etkilemiştir. Kutsal değerler toplumun çeşitli kültür unsurlarını yönlendirmiştir. Böylece insan, hem alemin başlangıcını ilahi güce bağlamış, hem ölümden sonraki hayata hazırlanmaya çalışmış, hem de bu dünyada davranışlarından sorumlu olacağını idrak etmiştir."[29]

Dinlerin sınıflandırılması çeşitli şekiller de olmaktadır.

Watch, dinleri kurucusu olan dinler ve geleneksel dinler olarak iki büyük grupta toplarken; Mensching ise, milli dinler ve evrensel dinler diye bir ayırım yapmıştır.[30]

Yaygın dinler olarak da tabir edilen evrensel dinlerin özelliği ırk, renk, toplum ve bölge ayrımı olmadan bütün insanlığı kucaklayarak her döneme hitap etmeleridir ve toplumsal hayatta girmediği alan hemen hemen yok gibidir. İnsanların günlük yaşayışlarına, hukuki kaynaklarına, ekonomik hayata, beslenme, turizm, sanat, nüfus politikaları ve çevre sorunları ve ekolojik olgulara kadar her konuda geliştirdiği kapsamlı yasaları ve öğretileri mevcuttur. Bu nedenle din sosyolojisi, din fenomolojisi[31] ve din psikolojisi gibi dinin alt bilim dalları ortaya çıkmıştır. İnsanın duygularına, düşüncelerine, tasavvurlarına ve davranışlarına nüfuz ederek bütün şahsiyetini kaplayarak ve günlük hayatının bütün davranışlarına da yön veren din mefhumu, bütün boyutları içinde, ferdin ruhi, sosyal, dünya ve ahiret hayatı ile ilgili bütün ilişkileri düzenleyen güce sahip bulunmaktadır.[32] Din, geçmişten günümüze insanı daha iyiye ve doğruya ulaştırmaya çalışırken günlük yaşamda da iyi ve güzelin davranışlara aksetmesini sağlamaktadır. Ayrıca din, fert ve toplumun nizamı için her dönemde önemini korumuş lüzumlu olmakla birlikte birçok ilim dallarının doğuş ve

[29] İbrahim Agah Çubukçu, *Kültürümüzde Din*, Erişim Tarihi: 17.04.2014, http://dergiler.ankara.edu.tr/dergiler/37/774/9881.pdf.
[30] Fügen Berktay, Emin Atasoy, "Dinler Cografyasına Küresel Bir Bakıs, (A Global Perspective Into Geography Of Religions)", *Balıkesir Üniversitesi Sosyal Bilimler Enstitüsü Dergisi,* 10(18) Aralık 2007, 7
[31] Din Fenomenolojisi, dinin tezahürlerinin derinden incelenmesi yoluyla dinin anlaşılmasına (*Verstehen*) ve onun özünü (Wesen) kavramaya götüren bir yol olarak algılanması olarak tanımlanabilir. M., Alıcı, "Kutsal'a Giden Yol: Dinler Tarihi'nde Bir Metodolojik Yaklaşım veya Bir Bilim Olarak Din Fenomenolojisi", *Dinbilimleri Akademik Araştırma Dergisi*, 3, 73-120, (2005), 73
[32]Kerim Yavuz, "Günümüzde Din Psikolojisi", *Atatürk Üniversitesi İlahiyat Fakültesi Dergisi*, *8,* Erzurum 1988, 254.

gelişmesinde, insanın aleme ve kendisine bakışında, hakikatı arayışında ağırlığı olan bir kurumdur.[33]

Özellikle toplum ve dinin karşılıklı olarak birbirleriyle olan ilişkilerini inceleyen din sosyolojisi geniş bir inceleme alanına sahiptir. Bu bağlamda insanların ve genelde toplumların çevreyle, tabiatla olan ilişkileri din sosyolojisinin alanına girmektedir.

Modernleşme ile başlayan son dönem insanlık tarihi, insanın teknolojiyle birlikte sahip olduğu gücü kendiyle özdeşleştirdiği ve adeta kendi sınırlılıklarını unuttuğu bir dönemdir. Böylece bilimin ve teknolojinin kullanımının dinin önerdiği değerler tarafından yönetilemediği bugün, insan sınırsız güç sahibi olduğu zannıyla, doyumsuz hırs ve arzuları ile teknolojiyi hem kendinin hem de doğanın aleyhine işletebilmektedir. Bu nedenle insanın gücü teknolojiye bağlı olarak ne kadar artarsa dine olan ihtiyacı da o kadar artmaktadır.[34]

## 1.5. DİN- EKOLOJİ İLİŞKİSİ

Din kavramı, insanın diğer insanlarla, evren ve inandığı Yaratıcısıyla olan ilişkilerini düzenlemektedir. İnsanın din bağlamında ekoloji ve çevre ile olan ilişkisini irdelenmesine dinin bağlayıcılığı ve ceza- mükafat mekanizması olmadan ortaya çıkabilecek insan davranışlarını sorgulamakla başlanabilir. Yaşamı yalnızca madde ile sınırlandıran, kendisini yaratan, kontrol eden ve hesaba çekecek olan yüce bir aşkın varlığa inanmayan kişinin diğer insanlara ve tabii çevreye karşı olan davranışlarında kendisini serbest hissetmesi ve yalnızca kendi çıkar ve menfaatlerini ön plana çıkarması söz konusu iken, yeryüzünde düzen ve intizamın sağlanması, ortak yaşamın sağlıklı temellere oturtulması ve doğal çevrenin korunabilmesi açısından kişilerin, kendi menfaatleri doğrultusundaki mutlak serbestlikten öte ahlak kurallarıyla kendilerini bağlı görmeleri önemlidir. Bu durumda tecrübe dünyasının ötesinde her şeyden üstün, her şeyi gören, bilen ve gözetleyen, aşkın bir varlığa

[33] Günay Tümer, *Çeşitli Yönleriyle Din*, Erişim Tarihi: 15.01.2015, http://dergiler.ankara.edu.tr/dergiler/37/773/9864.pdf.,

[34] Ali Çetin, Rabiye Çetin, "Küreselleşme ve İslam'ı Yeniden Yorumlama İhtiyacı", *Küreselleşme Sürecinde Din Eğitimi Sempozyum Bildiri Kitabı*, Osmangazi Üniversitesi Basımevi, Eskişehir 2013, 59.

beslenen inanç ahlakın tesis edilmesi ve devamında vazgeçilmez derecede önemliyken[35] çevre korumacılığı ve ekolojik hayatın devamlılığı noktasında bir takım hukuki müeyyidelerin konulması ve uygulanması bu konudaki zararların önceden önlenmesi -en azından bireyler üzerinde caydırıcı etkisi olması yönünden- çok daha fazla önem arz etmektedir. Dini referanslardan beslenen hukuki müeyyidelerden yararlanılması ise insanın çevreye karşı olan tutumu açısından hem maddi hem de manevi dünyaya bakan yönüyle oldukça olumlu etki yaratabilecektir.

Ortak görüşe göre, yaşamın devamı için Yaratıcının ilk ve en önemli eserinin bozulmamış tahrif edilmemiş durumdaki 'dünya' özelde 'tabiat' oluşu, ben yerine 'biz'in yüceltilmesi gibi inanışlar doğrultusunda din, ahlakı birinci derecede biçimlendirerek insanların birbirleri ve doğayla olan ilişkilerinin olumlu ve yapıcı bir temelde ilerlemesine katkıda bulunacaktır. Örneğin doğal dengenin ve doğal çevrenin korunmasının önemine dikkat çeken pek çok ayetin bulunduğu Kur'an-ı Kerim'de yine doğal kaynakları koruyucu bir yöntem olarak, kaynakları israftan kaçınarak kullanmak gerektiği konusunda insanlar teşvik edilmiştir. Gelecek nesillere aktarılacak olan doğanın ve özelde bitkilerin ve hayvanların korunması, ağaç dikmenin özendirilmesi, genel çevre ve beden temizliğinin teşvik edilmesi, konuları İslam dininde geniş ölçüde yer bulmuştur.[36]

Geleneksel ahlak ilkelerinin dini referansa dayandığını kabul edersek Passmore, insanın komşusuna zarar verecek şekilde davranmamasını emreden geleneksel ahlak ilkesi hava ve su kirlenmesine, ekosistemlerin yok edilmesine, nüfus artışına, doğal kaynakların tüketilmesine karşı kısıtlamalar getirdiğini savunarak, Batı geleneğindeki kahya insan ve doğayla işbirliği yapma anlayışını benimsemiştir.[37]

Küreselleşme ve buna bağlı olarak çevresel sorunlar, sürdürülebilir kalkınma, çevresel güvenlik gibi çok önemli konular hakkında bir takım tezler üretilirken ve çözüm arayışlarına girilirken ülkelerin dini değerlerini, kültürel motiflerini çözüm

[35] Ali Erbaş, (Ed.), *Yaşayan Dünya Dinleri*, Anadolu Üniversitesi Web-Ofset Tesisleri, Eskişehir 2013, 7.
[36] Ayten, s.207.
[37] Ünder, *Çevre Felsefesi*, 140.

sürecine dahil etmeleri yerinde olacaktır. Çünkü araştırıldığında hemen hemen her dini ve mistik inanışın kendi içerisinde doğa sevgisi aşıladığı insanlara iyiliği, israf etmemeyi, yaşama saygılı olmayı öğütlediği görülmektedir.

Evrensel bir etik anlayışının bireyin toplumsal, siyasal, ekonomik, ekolojik çevresiyle uyum içinde yaşamasına önemli katkıda bulunduğu göz önüne alındığında yaşam çevresini ve niteliğini geliştirmek yönünde tüm varlıkları etkileyen her durum, koşul ve eylem etik alan kavramı içerisinde değerlendirilmelidir.[38]

Özünde ahlaki öğretilerle beslenen evrensel dinler kaçınılmaz olarak evrensel ahlakı öğütler ve insanların yaşamlarının her alanında bu değerlere uygun olarak hareket etmelerini salıklar. Dinler, insanın, Tanrıyla, kendiyle ve hemcinsleriyle ilişkilerini incelediği kadar insanın tabiatla ve diğer canlılarla ilişkisine dair öğretilerde içermektedir.[39]

Cheney'in etik sistemle paralel gördüğü "Perenniel Felsefe" geleneğine dayandırdığı ekolojik görüş, sorun üreten modern düşüncenin yerine sorun üretmeyecek metafizik inançların konmasını savunur. [40]

Ancak bu söylem yeni değildir, bilim insanlarının temelde açgözlülüğe, hırsa ekonomik büyümeye dayalı çevresel tahribat başladıktan çok sonraları kabul ettikleri yaşam formlarının birbirlerine ince ipliklerle bağlı olduğu bilgisine aslında yüzyıllar önce ortaya çıkan kadim inanışlarda ve onların kutsal kaynaklarında rastlanabilmektedir. Doğa üzerinde sınırsız bir güç kullanma hakkını kendinde gören insan özellikle son yüzyılda "*Tabula rasa*" durumunda bir varlıkmışçasına her türlü dini ve ahlaki sorumluluktan sıyrılarak diğer bütün canlıları ötekileştirmekte, onların yaşam haklarını yadsımaktadır. Oysa asırlarca öteden insanlığın mahvını açgözlülüğün, israfın ve hırsın getireceği ve özellikle mistik inanışlarda kendini tabiattan soyutlamanın bile onun sonu olacağı açıkça ifade edilmiştir.

---

[38] Akkoyunlu, 127.
[39] Ayten, 207.
[40] Ünder, *Çevre Felsefesi*, 268.

Bugün insanlık üzerinde eski Yunan ve Roma'da yaygın ve aynı derecede derece yanlış bir kabule göre kendilerinin dışında kalan insanları "Barbar" sayma geleneğinin devamı olarak tabiatı ıslah etme gibi bir temayül hâkimdir. Kendilerini ayrıştırdıkları doğayı vahşi gören insanlar tabiatı yola getirirken ortaya çıkan bozulmayı, çevre sorunları diye isimlendirerek sanki tabiatın tahribatını kendileriyle alakasız, kendilerinin dışında tasavvur etmektedirler.[41] "Bu anlayışın bugün ulaştığı vahim nokta, ekolojik açıdan çok tehlikeli olan egemenlik kurma, bencillik ve aşırı tüketimdir. Sunderlal Bahuguna bunu şöyle tanımlar: 'Artık iktisat dini, şimdilerde pazarı tapınak yapmış, teknokratlar, rahipleri; dolar da tanrısı olmuştur.'"[42] Oysa insanlığın gözden kaçırdığı şey doğayı nasıl maddi edinimleri için kurban ettiyse kendinin bu sorunun baş mimarı olarak görmesi, gerek dinsel gerekse mistizm temelli manevi bir uyanışla onu yeniden iyileştirmesi ve limitsiz büyüme miti ortaya çıkmadan önceki itibarını yeniden tabiata iade etmek zorunda olması gerçeğidir

Neredeyse bütün inanç sistemleri insanı ve insana yönelik hakikat ve kurtuluş telakkilerini öğretilerinin merkezine aldığı için dinin bütün kural ve öğretileri insana yönelik bir eğitim ve öğretimi amaçlar. Bu bağlamda insan kendisini kuşatan maddî ve manevî âleme ilişkin bilgilendirilir ve gerek metafizik gerekse maddî âleme yönelik tutum ve davranışları belirlenip tanımlanmaya çalışılır. Bu çerçevede dinler insanın doğal çevreye bakışını yönlendirmeye ve çevresiyle ilişkisini düzenlemeye de ayrı bir önem verirler.

Yeryüzü hiçbir dönemde geçen son asırda kaldığı kadar çevresel tahribata ve yıkıma maruz kalmamıştır ve 1950'lerden itibaren gerçekleşen sanayi devrimi ile doğal kaynakların tüketilmesi, iklim değişikliği, toprak, hava ve su kirliliği gibi köklü değişimler ortaya çıkmıştır.

---

[41] Uslu, s. 12.

[42] Hür Mahmut Yücer, Sinan Yılmaz, "Şeriat ve Tasavvuf Bağlamında Din-Çevre İlişkisine Sosyolojik Bir Yaklaşım", *Tarih Kültür ve Sanat Araştırmaları Dergisi,* (Tüketim Toplumu ve Çevre Özel Sayısı), 1(4), 2012, 326, 319-333.

Sosyal ekoloji bağlamında; bilim insanları, dünya inançlarının etkisiyle oluşan ahlaki değerlerin insanın neden olduğu bu olumsuz değişimleri azaltacağını tekrar etmektedirler.[43]

Bu noktada insanın, insan olmayan varlıklara karşı nasıl davranması gerektiği sorunu üzerinde duran çevre ahlakı perspektifinden[44] yaygın dinlerin ve onların kutsal kitap ve öğretilerinin konuyla ilgili yaklaşımlarını bilmek önem arz etmektedir.

[43] Rüştü Ilgar, "Sosyal Ekoloji ve İnanç İlişkisinin İrdelenmesi, (Evaluation of Social Ecology and Belief Relationship)", *Marmara Coğrafya Dergisi,* Sayı: 13, İstanbul Ocak 2006, 95.
[44] Hasan Ünder, "Çevre Ahlakı: İnsan Merkezcilik ve Çevre Merkezcilik", *Adakentliyim*, Ankara 97/2, 3(10), 82.

# İKİNCİ BÖLÜM

# MİSTİK İNANIŞLAR VE EKOLOJİ

## 2.1. MİSTİK İNANIŞLARDA ÇEVRE VE TABİAT ALGISI

Çağın sosyal çevresinden kaynaklanan sorunların çözümünde adeta bir reçete önemi kazanan[45] ekoloji tanımı çerçevesinde bütün yaşam formları birbiriyle o kadar iç içe geçmiştir ki yapıp ettikleri nihayetinde insanı bulmaktadır. Zaten mistizm zahiren farklı görünüşte olan yaşam formlarının aslında 'bir' olduğu temeline dayanır. Olgular ve nesneler arasındaki bu ayrılmaz bütünlük, Hinduizm ve Budizm gibi mistik inanışlarda bireylerin ve toplumların doğayla ve çevreyle olan olumlu ve olumsuz ilişkilerinin doğrudan kendilerine yöneleceği anlayışının derinden yerleşmesine neden olmuştur.

Mistik inanışlarda Yaratıcı (öz, mutlak gerçeklik) doğayla içkindir ve canlı-cansız her şeyle bir bütündür. Bu bütünlüğün İslamiyet inancı içinde bulunan Tasavvuf düşüncesiyle bazı benzerlikleri olduğunu da söyleyebiliriz.

Budizm, Taoizm, Hinduizm gibi Uzakdoğu dinlerinde, alem, Tanrı ve Dünya'nın bir bütünlük içinde ele alınarak, her şeyin birliğe yönelik olduğu esasına dayanan bütünsellik düşüncesi (*Holism*) hakimdir. Mistik inanışlarda, yaşamı oluşturan çeşitli olaylar, birbirini karşılıklı olarak etkileyen ve birbiri içine son derece girift biçimde örülmüş birimler olarak görülür; böylelikle Tanrı, başka bir alemde taht kurmuş ayrı bir kudret değil, yaşamın içinde, insanın özündedir.[46]

Uzakdoğu merkezli Budist gelenekte ve Hint uygarlığındaki Vedantik gelenekte tabiata hep derin sembolik anlamlar yüklenmiş ve tabiat ve onun murakabesinin

---

[45] Ilgar, 95.
[46] Özerkmen, 181.

metafiziksel gerçekliğe açılan bir kapı olduğu kabul edilerek tabiatın ampirik değil metafiziksel yöntemlerle anlaşılabilecek kutsal bir yapı olduğu düşünülmüştür.[47]

18. yüzyıl sonlarında başlayan Sanayi Devrimi ve buna bağlı olarak gelişen Merkantilist-Sömürgeci düşünce, Batı dünyasında sosyo-ekonomik yapının bir parçası olarak ortaya çıkmış tüm toplum nizamını bu zaviyede şekillendirmiştir. Ortaya çıkan sonuç, sınırsız büyüme miti ve doğa üzerinde mutlak hakimiyet inancı doğrultusunda ekolojik tahribattır.

Ekolojik sorunların toplumsal sorunlarla yeterli ve doğru biçimde ilişkilendirmeksizin, salt koruma ve düzeltme çabalarının kısa vadeli sonuçlar doğurması nedeniyle ekolojik nitelikli muhalefet hareketleri küresel boyutlara ulaşmıştır.

Ekolojik düşüncede ekolojik ve toplumsal sorunlar ilişkisi, hem sorunların irdelenmesinde, hem de çözüm alternatifleri üretilmesinde temel hareket noktası olarak alınmalıdır. Çünkü çevre sorunları, insanın doğayı egemenlik altına alması düşüncesi ve tarihsel süreçte ciddi değişmelere uğrayan insan-doğa ilişkilerinin bozulmasının sonucu olarak ortaya çıkmıştır.[48]

Konuyu bu açıdan ele alan duyarlı çevreciler tüm bu olumsuz gelişmeleri insanlığın bindiği dalı kesmeye çalıştığı şeklinde idrak etmekte ve doğa-insan ilişkilerinin ancak insanların doğa üzerindeki tasarruflarını büyük ölçüde kısıtlayan düzenlemelerle kısmen de olsa iyileşebileceğine inanmaktadırlar.

Bu inanış insanların dikkatini, seküler dünya anlayışından farklı olarak doğal-mistik inanışlara yöneltmiştir. İşte bu noktada doğal motiflerle bezenmiş ve evrensel nitelikli, iki inanç sistemi olan Hinduizm ve Budizm Batılı ekolojistlerin imdadına yetişmiştir. Çoğu insan mekanik dünya düzeni içerisinde kaybetmiş oldukları huzuru ve sükuneti bu inanışlarda yakalamıştır.

---

[47] Uslu, 10.
[48] Aygün, Mutlu, 3.

Doğal çevreye yönelik değerlendirmeler, bazı dinlerde Tanrıyla doğanın birbirine içkinliği (*pantheism*) , düşüncesine kadar çeşitli inançlar şeklinde de ortaya çıkmıştır ki[49] Hinduizm ve Budizm bunun tipik örnekleridir.

Tek tanrılı dinlerdeki gibi üstün bir Yaratıcı- Tanrı düşüncesi yerine mistik dinlerde Yaratıcı tabiatla ve yaşamın tüm öğelerinde içkindir. Bunun sonucu olarak Budizm ve Hinduizmde her türlü yaşam formuna ve tabiata olan bu yapıcı ve saygılı bir yaklaşım hakimdir. Çünkü Yaratıcının içkin olduğu her şey saygıya değerdir ve bu gürül gürül akan bir nehir, güneş, orman olabileceği gibi bir inek de olabilir.

İnançları bu denli tabiat merkezli olan Budizm ve Hinduizm gibi evrensel mistik inanışlar doğal olarak çevre ve ekoloji konusunda uluslararası alanda yapılan birçok konferans, toplantı ve araştırmada çevre sorunsalının çözümü bağlamında önemli dini referanslar olarak, alternatif çözümler üretilmesine yardımcı rol oynamaktadır.

## 2.2. HİNDUİZMİN KÖKENLERİ

Daha çok büyük ve karmaşık bir dini ve sosyal organizasyona benzeyen Hinduizm ne tam bir din nede felsefe olma özelliği gösteren bir inanıştır.[50] Kimi kaynaklar Hinduizm'i dünyanın en eski geleneklerinden biri olarak tanımlar. İngiliz Literatürüne 19. yüzyılda giren Hindu kelimesi, Müslüman torunları Hindistan'a bin seneye yakın bir zaman hakim olan Perslerden gelmekteydi ve bu kelimeyi alt kıtanın kuzey-batı düzlüklerinden akan İndus Irmağı'ndan türetmişlerdi.[51] Hinduizm'in İslam, Budizm ve Hristiyanlık gibi herhangi bir kurucusu yoktur. Bu inanışın Hindistan tarihiyle başladığı bilinmektedir. Tek başına bir dini inanış biçimi olmaktan ziyade sosyal bir sistem olarak yaşayan Hinduizm'in dini temelleri Veda dinine ve Brahmanizm'e dayanmaktadır. Bu sebeple zamanımızda Brahmanizm'le Hinduizm'in birbirinin yerine kullanıldıkları görülmektedir. Hint kutsal metinleri

[49]Ali Erbaş, (Ed.), *Yaşayan Dünya Dinleri*, Anadolu Üniversitesi Web-Ofset Tesisleri, Eskişehir 2013, 7.
[50] *Sosyal Bilimler Ansiklopedisi*, II. Risale Yay., İstanbul 1990, 9.
[51] *Büyük Larousse*, İnterpress Yayınları, X, 530.

olan Şruti ve Smriti olmak üzere iki gruba ayrılır. Dharma Şastralar ise Hint toplum hayatını düzenleyen kuralları adı verilen metinlerdir.

Sınırsız kutsal varlık sayısına sahip olan Hinduizm'de, kurtuluş yolları ve tanrıya ulaşma yolları da sınırsızdır. Bu sebeple geniş bir dinsel tolerans ve hoşgörünün hâkim olduğu bir inanç sistemidir. Hinduizm, Tanrı kavramındaki değişik ifadeleri ve yaklaşımları yadırgamaz ve yasaklamaz. Her insan ve toplum, kendi şahsiyetine ve geleneğine uygun bir şekilde Tanrıya yönelebilir. Tanrıya ulaşmanın yolları ayrı da olsa, tüm yollar aynı sonuca ulaşır görüşü egemendir.[52]

Politeist Tanrı anlayışına sahip bir din olan Hinduizm de Tanrılar panteonunda en üst tabakada yer alan Tanrıların çoğu aynı zamanda tabiat varlıklarıyla özdeşleşmişlerdir.

Brahma (Yaratıcı Tanrı), Vişnu (Koruyucu Tanrı), Şiva (Yok edici, cezalandırıcı Tanrı), Agni (Ateş Tanrısı), Varuna (Kozmik düzeni sağlayan Tanrı), Soma (Ay Tanrısı), Surya (Güneş Tanrısı), İndra (Savaş Tanrısı), Vayu (Rüzgar Tanrısı).[53]

Hinduizm, doğayla o denli iç içe geçmiş bir inanıştır ki, Gandhi, Hindu inanışını doğa yasalarına tabi görerek yaşayan, büyüyen ve yok olmaya mahkum canlı bir organizma olarak tanımlar ve büyüdükçe kökünde, bölünmez sayısız dalları olan geniş bir ağaca benzetir. Onun da sonbahar, kış, ilkbahar ve yazı vardır ve mevsimsel değişiklikler onu etkileyecektir, Yağmurlar besleyecek ve onun daha fazla meyve vermesini sağlayacaktır.[54]

Hinduizm, takipçilerine en önemli öğretisi olarak insanın doğal yaşam ve tabiata kopmaz bağlarla bağlı olduğunu salık verir, insandaki rasyonel akla mutlak bir özgürlük sağlar. İnsan aklına, düşünce, duygu ve irade özgürlüğü üzerinde Hinduizm'in herhangi bir kısıtlayıcılığı yoktur. Ayrıca inanç ve ibadet konularında da inananlarına geniş bir özgürlük sağlar.

---

[52] Berktay, Atasoy, 37.
[53] Remzi Duran, (ed.), *Mitoloji ve Din*, Anadolu Üniversitesi Web-Ofset, Eskişehir 2012, 131.
[54] M. K. Gandhi, *The Essence of Hinduism,* (Editör. V. B. Kher), The Navajivan Trust, Ahmedabad 1987, 5.

Hinduizm özgürlük dinidir. Yaratıcı'nın mahiyeti, ruh, yaratılış, ibadet şekli ve yaşamın hedefi gibi sorulara ilişkin insan aklı ve kalbiyle ulaşabileceği mutlak özgürlük alanı sağlar. Hinduizm ne herhangi bir doktrinin kabulü, ne de bazı özel ritüeller veya ibadet şekillerini kabul etmek için kimseyi zorlamaz.[55]

İbadetleri şekilsel olmaktan uzaktır ve bireyler Yaratıcı'ya içlerinden geldiği şekliyle sabah, öğlen ve akşam dua ve yakarışta bulunurlar. Hinduizm'e göre insanlar dua yoluyla mutlak gerçek diye adlandırılan Tanrıları Brahmanla ilişki kurarlar. "Brahman'ın bilgisi, kozmik kontrol için anahtar bir bilgiydi. Bu dönemde, asketizm ve meditasyon da bir eğilim olarak ortaya çıkmış ve kurbanın mikrokozmoz olarak kabul edilen insanın içinde içselleştirilmesiyle temsil edilmiştir."[56]

Hinduların Tanrısı bütün evreni kaplayan her yerde ve her zaman hazır, evrenin dışında değil içinde olan aşkın olduğu kadar içkin her şeye gücü yeten, sonsuz, çok merhametli ve soyut bir varlıktır. [57]

### 2.2.1. Vedalar ve Upaniştlerde Tabiat Yaklaşımı

Vedalar dönemi, M.Ö. 2000'li yıllarda ortaya çıkmış olup Hinduizm'in ilk aşamasıdır. Bu dönem, adını Hint-Avrupa dillerinde yazılmış en eski vesikalar olan Veda kutsal metinlerinden almıştır. Hintlilerin kutsal metinleri olan Vedalar'da tabiat tanrılarının egemenliği hakimdir, güneş ve onunla ilişkili fenomenler ise en önemli tanrılarıdır. Ayrıca hemen hemen tüm tabiat nesnelerinin kutsallaştırıldığı, Vedik Hinduizm'de yine çoğunluğu doğayla içkin sayısı neredeyse otuz üç milyona yakın çoktanrıcı bir yapı mevcuttur.[58]

---

[55] Sri Swami Sivananda, *All About, Hinduism,* A Divine Life Society Publication, India 1999, 4.
[56] Erbaş, 24.
[57] A.Ranjan Mohapatra, "Hinduizm", (Çev.: Hidayet Işık), *Selçuk Üniversitesi İlahiyat Fakültesi Dergisi,* Sayı: 13, 2002, 213.
[58] İbrahim Ethem Karataş, "Hinduizm'in Vedalar Döneminde Güneş Tanrıları", *Dokuz Eylül Üniversitesi İlahiyat Fakültesi Dergisi*, 2(36), 2012, 251.

İnsanlık kütüphanesindeki en eski kitaplar olarak kabul edilen Vedalar bir pınarın kaynağı gibidir ve tüm dini bilgileri içermektedir. Vedaların başlangıç veya bitişi yoktur içinde Rabbin nefesi vardır.[59]

Hindu İnanışının kaynağı olan Vedalarda doğanın ve tüm canlıların kutsallığından birçok yerde bahsedilir. Hindulara göre "İnsan bu doğanın sadece bir parçasıdır hakimi değildir. Dünya ise bencil istekler doğrultusunda yağmalanacak kadar ruhsuz maddelerden oluşmamıştır. Onlara göre Tanrıları Vişnu tüm tabiatta değişik şekillerde tezahür etmektedir. Güneşin doğuşunu görüp sıcaklığını hissettiklerinde, suyu tattıklarında ve muson yağmurları altında toprağın kokusunu duyduklarında Vişnu'yu hatırlarlar."[60]

Vedalar da çokça bahsi geçen en önemli Tanrılarından biri olan Vişnu birçok tanrıyla özdeşleşmiş ve bu özdeşleşmenin bir sonucu olarak Vişnu'ya cömert ve dünyanın refahıyla ilgilenen Tanrı niteliği verilmiştir. Bu özellikleriyle Vişnu, dünyada bozulan ahlaki ve tabii düzeni yeniden inşa etmek maksadıyla on farklı bedende (*avatar*) olmak üzere dünyaya inmeye başlamıştır.[61]

Böylece Tanrı Vişnu'nun, doğayı insanların eline başıboş bir şekilde terketmediği, bedenlenmek suretiyle evrene yaptığı seyahatlerde bozulan doğal düzene müdahale ettiği inancı sağlam bir şekilde yerleşmiştir.

"Vedalar döneminde tabiat güçlerini simgeleyen çok sayıda tanrı vardı. Önemi itibariyle başta gelen tanrılar Varuna ve İndra idi."[62] Aynı zamanda yaratıcı ve bereket sağlayıcı, hayatın bolluğunun, kozmik ve biyolojik enerjinin kişileştirilmiş hali olan Rig Veda'daki en popüler tanrı olan İndra, yaratılış güçlerinin ilk örnegidir. Kasırgalar başlatan, yağmurlar yağdıran ve her türlü rutubete hükmeden tabiat güçlerine sahip olduğu ifade edilmektedir.[63]

---

[59] Sri Swami Sivananda, 8.
[60] Prime Ranchor, *Hinduizm ve Ekoloji*, (Çev:. Mehveş Kayani), Igdaş, İstanbul 1997, 48.
[61] Erbaş, 25.
[62] Cemil Kutlutürk, *Upanishadlar'ın Hint Kutsal Metinleri Arasındaki Yeri ve Önemi*, (Yayınlanmamış Yüksek Lisans Tezi) Ankara Üniversitesi Sosyal Bilimler Enstitüsü Felsefe ve Din Bilimleri (Dinler Tarihi) Anabilim Dalı, Ankara 2009, 88.
[63] Mircea Eliade, *Dinsel İnaçlar ve Düşünceler Tarihi*, Cilt: 1, (Çev. Ali Berktay), Kabalcı Yayınevi, İstanbul 2003, 250.

Hinduizm inanışında tanrılar çeşitli tabiat unsurlarıyla özdeşleştirilmiş olmakla birlikte özellikle güneş bir çok yönden tanrıların özelliklerini sınıflandırmada ilham kaynağı olmuştur.

"- Güneşin müşfik gücünün şahıslaştırılmışı, "Mitra",

- Şafağın kocası olarak kabul edilen, güneşin özel adı olan "Surya",
- Güneşin hayat verici faaliyetleri olan "Savitri",
- Güneşin cömert gücünü şahıslaştıran kırların tanrısı "Pusan",
- Ve bu panteonda merkezi bir yer tutan "Vişnu"[64]

Bunun gibi bütün tabiat unsurlarının özelliklerinin atfedildiği tanrıların sayısı oldukça fazladır ve bir Hindu tanrısı birden çok tabiat olayıyla ilişkilendirilebilir. Özellikle, Vedik dönemin başlarından itibaren maddi özelliklerinin ötesine geçerek kutsal bir karakter kazanan Güneş'in çeşitli özelliklerinin antropomorfize edilmesi ve tanrılaştınlması sözkonusu olup güneş dünyayı aydınlatan, tüm tabiatı uyandıran ve canlılık veren varlık olarak kabul edildiğinden ona "günlük hayatı bahşeden" denilmektedir.[65] "Hindu düşüncesinde tabiatın kutsallığı düşüncesi derin bir vedantik, metafizik anlayışa göre şekillenmiştir."[66] Bu vedantik öğretide dünya mutlak bir gerçeklik olarak değil, Yüce Öz'ü gizleyen bir perde olarak ele alınmıştır. Hinduizmin altı entelektüel ekolünün en önemlisi olan "Vaiseşika" sisteminde, cevher, sıfat, eylem, genellik, bireysellik ve fıtrat olarak belirlenmiş olan altı alt sistem mevcuttur. Padartha olarak adlandırılan bu alt sistemlerden "Cevher Unsuru" ise toprak, su, ateş, esir, zaman, uzay, zihin, ruh olarak belirlenen türlerden oluşmuştur. Padartha'nın üzerinde ise, dünyanın sebebi olan mabud, İşvara'nın bulunduğuna inanılır. Böylece mabudlarını, hava, toprak su gibi kutsal unsurlar üzerine yükselten Hindu düşüncesinde, tabiatın tahribine cevaz verilemeyeceği açıktır.[67]

---

[64] Hayreddin Kızıl, *Hint ve İran Mitolojilerine Göre "Mitra"*, http://www.e-sarkiyat.com/makaleler/10.sayi/3.pdf., 05.04.2014

[65] Karataş, 254.

[66] Sadık Kılıç, *Uluslarası Bediüzzaman Sempozyumu IV*, Sözler Yayınevi, İstanbul 1998, 664.

[67] Hüseyin Nasr, *İnsan ve Tabiat*, (Çev:. Nabi Avcı), Ağaç Yay., İstanbul 1991, 85.

Upanishad düşünürleri, Yaratılışın nasıl gerçekleştiği, canlı-cansız tüm varlıkları meydana getiren Öz'ün ne olduğu ve bu maddenin ne gibi nitelikleri haiz bulunduğu konularını derinlemesine tartışırlar. Bu konudaki Upanishad metinlerinden birinde su, yaratıcı varlıktır. Buna göre başlangıçta bu dünyanın sadece Su'dan ibaret olduğu, suyun daha sonra Brahman'ı, Brahman'ın da diğer tanrıları yarattığı belirtilir. Ayrıca toprak, atmosfer, gök, tanrılar, insanlar, hayvanlar, kuşlar, çimler, ağaçlar, kurtlar, solucanlar, sinekler ve tüm bu dünyanın sudan ibaret olduğu belirtilerek suyun bunları güçlendirdiği vurgulanır.[68]

Vedantik öğretinin aslını oluşturan bir Atharra vedasında mealen; [69]

Huzur, gökyüzü, dünya, atmosfer, su, otlar, bitki örtüsü, ilahi varlıklar, Brahman ve mutlak gerçeklik arasında paylaştırılmıştır, ancak herşeyle uyum içinde olduğumuzda gerçek huzuru buluruz şeklinde ifade edilerek insanlığın barış ve mutluluğu ancak tabiata uyum sağlamakla bulabileceğine değinilmektedir. Vedalar, temel Hint dini metinlerinden olup canlı ve cansız tüm mahlûkatın aynı manevi güç tarafından kuşatıldığı bir dünya görüşünü yansıtmaktadır. Bunun bir sonucu olarak Kendisini evrimin çeşitli safhalarıyla gösteren ve her şeyi kuşatan ilahi hâkimiyete inancına dayanan Hinduizm'e göre, insanoğlu şu anda evrim piramidinin en tepesinde olsa da, tabiatın çok yüzlü/boyutlu hayat şekillerinden ayrı görülemez. Tepede olma insana ayrıcalıklı bir konum ve meşruiyet vermez.[70]

Ekolojik değerlerle donanmış bir Atharra Veda'sında yer alan bir ilahide çevre sevgisiyle yoğrulu şu duaya rastlanır:

"İçinde Tahıl ve mısır tarlalarının yeşerdiği, nefes alan ve hareket eden herşeyi barındıran; denizin, ırmağın ve diğer suların yattığı yeryüzü! En güzel ürünlerini bize ver.

Yeryüzü anneciğim gökyüzündekilerle beni uyumlu ve güvenli kıl,

---

[68] Kutlutürk, 119.
[69] *Hinduism and The Environment*, http://www.hinduismtoday.com/modules/smartsection /item.php?itemid=5161., 05/03/2014
[70] İbrahim Özdemir, *Çevre ve Din*, http://www.cekud.org.tr/h_img/h_img/%C3%87EVRE%20ve %20 D%C4%B0N.pdf., 13/06/2014

Ey hikmet sahibi! Beni şefkat ve bollukla kucakla"

Hinduizm ve Veda'lar dışındaki diğer kutsal kaynakları olan Purana ve Upanişt'lerde de tabiata olan bağlılık ve saygı vurgulanmakta, kutsal olanın tabiatın dışında değil içinde olduğu üzerinde durulmaktadır.

Mundako Upanişlerindeki bir ilahide, Tabiat-Tanrı ilişkisine şu şekilde değinilmiştir; Ateş onun başı, ay ve güneş gözleri, uzay ise kulakları, sesi ise Veda'da ilham edilmiştir. Rüzgar nefesi, bütün kainat ise onun kalbidir, yeryüzü ise onun oturduğu taburesidir. Gerçekten O her şeyin içindeki Ruh'tur. [71] Subramuniyaswami, akıllı ve her zaman verici olan bir varlık olan yeryüzüne ibadet edilmesini çünkü insanın fiziksel organlarının canlılığı onun nimetlerine borçlu olduğunu ifade eder. Yeryüzünün bereketi yok olduğunda insanın fiziksel varlığının da sona ereceğini vurgular. Hindu inanışına göre, gezegenin ekolojisi karmaşık bir bilgi sistemine sahiptir ve insan, Tapas ve Sadhana duaları ve kurbanlar sayesinde Tabiat Ana'nın iyi niyetini, samimiyeti ve rızıklarını kazanabilir. Bugün Hinduizmin (*doğaya*) bakış açısı dünyada kıta ya da ulus tanımadan yayılmaktadır. Avustralya'da Dünya Dinleri Parlamentosuna 2009 Aralık ayında sunulan "İklim Değişikliği hakkındaki Hindu Bildirgesi", vaziyeti açıkça şu şekilde ifade eder:

İnsanı büyüme ve evrimleşme aşamasında milyonlarca yıl merhametli bir evrensel anne gibi besleyen yeryüzü, bu yüzyılda açgözlü sömürü düzeni nedeniyle ekolojik felakete doğru sürüklenmektedir ve doğa ile yeniden ilişki kurmak için radikal bir değişim artık bir seçenek olmaktan çıkmıştır.

Bu bir ölüm kalım meselesidir insan kendisini yok etmeden doğayı yok etmeye devam edemeyecektir.[72]

Hindu öğretisinin temel kaynakları olan Vedalar ve Upanişler'de dünyanın bir ormandan ibaret olduğu düşüncesi hakim olup kainat adeta birbiriyle bütünleşmiş bir görünümdedir. Yine ormanlar kadar ihtişamlı dağlar da Hindu inanışında

---

[71] İbrahim Özdemir, *Çevre ve Din Çevre*, Bakanlığı Yay., Ankara 1997, 92
[72] *Hindu Statements On The Environment*, http://greenfaith.org/religious-teachings/hindu-statements-on-the-environment. 03/03/2014

ayrıcalıklıdır. Kailos ve Himalaya Hintliler için, kutsal dağlardır. Hint kozmolojisine göre, dünyanın merkez noktasında Merv bulunuyor ve onun etrafında güneş, ay ve yıldızlar dönüyor, gene o dağda tanrılar oturuyor. Hintlilerde, taş, bitki, ırmak, göl v.b. da olduğu gibi dağların içinde de tabiatüstü bir kuvvet yerleşmiştir.[73] Hint filozoflarından Aruna, Güneş'i büyük bir bal damlası olarak kabul etmektedir ve O'na göre, Güneş'teki bu balı, dört kutsal sema bölgesinde bulunan veda bilgileri ve diğer kutsal metinler gibi çiçekler meydana getirmektedir.[74] Upanishadlarda Tanrılar yurduna ulaşan ruhun, buradan Brahma dünyasına geçerken nelerle karşılaşacağı ve ne gibi güzellikleri haiz olacağı hususunda aydınlatıcı bilgiler bulunmaktadır. Ölüm zamanı tanrıların yoluna giren kişi, buradan sırayla Agni'nin, Vayu'nun, Varuna'nın, İndra'nın, Pracapati'nin ve en sonunda nihai hedef olan Brahma'nın dünyasına gelir. Bu Brahman dünyasına giren kişi güzel elbiselerle, güzel kokularla, kolyelerle, çiçeklerle, meyvelerle karşılanır ve burada nehirler, göller, cevherler, ağaçlar, saraylar vb. insanın gözüne hoş gelen güzellikler vardır.[75]

## 2.2.2. İnsan Ekolojisi, Eğitim ve Çevre

İnsan kültürlerinin çevreye karşı tutumları konusunda araştırmalar yapan Çin'li Yi Fu Tuan araştırmaları sonucunda insan- tabiat ilişkilerindeki olumsuzluğun insanın egosentrik ve etnosentrik yapısından kaynaklandığı sonucuna varmış, özellikle yerleşik hayata geçilmesiyle bütün kültürlerin çevre konusunda temelde bir uygunsuzluk gösterdiği ve çevreye karşı ikiyüzlü bir tutum içinde oldukları çıkarımında bulunmuştur.

Kendisini tabiattan yadsıyan "egosentrik insan" kaderini de tabiatta ayrı olarak çizmeye çalışmıştır.[76] Ancak bu yabancılaşmanın sonuçları özellikle son yüzyılda insan neslinin geleceğini tehdit eder hale gelmiştir.

---

[73] Hikmet Tanyu, *Dinler Tarihi Araştırmaları*, Üniversitesi Basımevi, Ankara 1973, 8.
[74] Necati Demir, *Felsefe'nin Menşei Üzerine Bazı Düşünceler*, http://eskidergi.cumhuriyet.edu.tr/makale/239.pdf., 01.02.2014
[75] Kutlutürk, 114
[76] Deniz Gürsel, *Çevresizsiniz*, İnsan Yayınları, İstanbul 1989, 88.

Dünya ülkeleri tabiatla olan ilişkilerini her açıdan yeniden gözden geçirerek ve bu kötü gidişatın durdurulabilmesi için alternatif çözümler üretmek için çeşitli çıkış yolları aramaktayken, çözüme katkıda bulunmak isteyen bazı bilim insanları sosyal ekoloji bağlamında; dünya inançlarının etkisiyle oluşan ahlaki değerlerin insanın neden olduğu bu olumsuz değişimleri azaltacağını savunmaktadırlar.[77]

Temelde insan merkezli bir uğraşı olan tıp gibi bir etkinlikte bile, Eski Hint Uygarlığındaki Hekim Andı'nda bulunan "Bütün canlı varlıkların iyiliği için çalış'' cümlesi canlı merkezci bakış açısının bariz bir örneğidir.[78]

Hekim andında yalnızca insan unsuruna yer vermeden holistik bir yaklaşım sergileyen bu cümle ile Hindu inanışının, çevre ve ekolojik sorunların aşılması konusunda insanlığa gerçekten bir çıkış kapısı aralayacağını düşünebiliriz.

Hindu Düşüncesinde, çevreci bir yaklaşımın ancak ruhani bir kültürün parçası olabileceği savunulmuştur. Buna göre, insanlar ve daha geniş boyutta toplumlar kendi iç dünyalarını zenginleştirdikleri ölçüde tabiata gereken önemi verebileceklerdir. Hint Felsefesinde "İnsan Ekolojisi" adı verilen yedi yaklaşım, bu görüşü destekler mahiyettedir. Bu yaklaşımlar:[79]

a) Ormanın İhtişamı: Ayın, yıldızların, kuşların, gökyüzünün, Bitki örtüsü ve dağların ihtişamı bir araya gelerek, doğanın külli güzelliğini oluştururlar ki buna "Doğa'nın İhtişamı" denir.
b) Ruhaniyet: İnsanın bu ihtişamlı yapıyla olan ilişkisini anlamak bir içe bakışı ve ruhani yolda ilerlemeyi gerektirir. Ruhaniyet ancak içe bakışla anlaşılır.
c) Kültür: İnsanların dini inanışları ve toplumsal davranışlarıyla ortaya çıkan kültür öğesi ruhaniyetin dışa yansımasıyla oluşur. Buna göre çevreci bir kültürün oluşumu, manevi kaynakların "Çevre unsuruna" verdikleri değerle doğru orantılıdır.[80]

---

[77] Ilgar, 95.
[78] Ruşen Keleş, *İnsan Çevre Toplum*, İmge Yayınevi, Ankara 1997, 262.
[79] Ranchor, 38
[80] Elizabeth Breuilly, Martin Palmer, *Hristiyanlık ve Ekoloji,* Mehveş Kayani İgdaş Yay., İstanbul 1997, 89.

d) Toplumsal Miras: Kültürün kümülatif bir biçimde gelişme göstermesiyle oluşur. Fakat bugün kültürel - çevresel değerlerin büyük ölçüde tahrip edilmesi, gelecek kuşaklara kalacak olan toplumsal mirasın da tehlikeye girdiğini göstermektedir. Bunun en canlı örneğini, yıllarca sömürgeci devletlerin kültürel asimilasyonları ile bozulmaya uğrayan esasında derin ve köklü bir geçmişe sahip bulunan Hint kültüründe görebiliriz.

e) Hac: Kültürleri ve kültürel mirasları tanımanın en iyi yollarından birisi, kişinin bu yerleri ziyaret etmesidir. Çeşitlilikler içerisindeki birlik bu şekilde anlaşılır. Çevre ve içinde bulunulan coğrafya insanlara birtakım mesajlar veriyorsa, hacc gerçek anlamını bulmuş sayılır.

f) İnsanın Selameti: Bu kültürel yapının ve toplumsal mirasın bütüncül bir biçimde ele alınıp değerlendirilmesiyle mümkündür ayrıca insanın selametiyle, doğanın selameti birbirinden ayrılamaz bir bütündür. Çünkü toplumsal huzur ve selamet ancak insanların birbirine dürüst ve nazik davranmalarını da içerir, başkalarına karşı nazik davranmak doğaya karşı da nazik olmayı içerir. Önemli bir özgürlük mücadelecisi olduğu kadar iyi bir Hindu olan Mahatma Gandhi'ni "Bir toplum hayvanlara davranma şekliyle değerlendirilebilir" şeklindeki ifadesi bunun en güzel bir örneğidir.

g) İnsan Ekolojisi: Tüm bu unsurların biraraya gelmesi, 'İnsan Ekolojisi'ni oluşturur.

Görüldüğü gibi, Hinduizm'de çevre ve insan ekolojisi birbirinden ayrılmaz bir bütünlük içerisinde ele alınmış, insanın selametinin hemcinsleriyle olduğu kadar doğa ile de barışık olması, neticesinde gerçekleşebileceği üzerinde durulmuştur.[81]

İnsan benliğini doğayla ve diğer varlıklarla bir tutarak ve ancak 'biz bilincini' geliştirerek huzura erişebileceği inanışının hakim olduğu Hinduizm'in bu yönü Bookchin'in, 'Organik Toplumlar' tezine ilgi çekerek bu tür toplumların, zenginliklerini "biz kavramı yerine ben" kavramını tercih etmelerine borçludurlar ifadesiyle aynı doğrultudadır ve Bookchin ekolojik sorunların ana nedeninin

[81] Ranchor, 99.

"insanın insana tahakkümü, insanın Doğa'ya hakim olmaya mahkum olduğu bir ideoloji" olduğunu savunmaktadır.[82]

Sivananda, dişi bir varlık olarak betimlediği Hindistan'ı, tarihinde askeri fetih hırsı taşımayan manevi ve ruhsal kökenleri olan bir ülke olarak tanımlar. Hindistan'da insanlar öz-farkındalığa sahip olmayı hedef olarak belirlerler. Hint kültüründe genellikle, maddi refah ve gelişme üzerinde çok durulmaz. Onlar için Yüce Varlıkla bütünleşen bir cemaat içinde olmak ya da Yoga ritüelleri yeterlidir. Atman ve Brahman'ı içselleştirebilmek için dünyevi zenginliklerini feda etmeye hazırdırlar.[83]

### 2.2.3. Tabiatla Uyumlu Hindu Ahlakı

Budizm'de insanların kast veya sosyal statüden bağımsız olarak uymaları gereken Sadharana dharmas adı verilen bazı ödevler bulunmaktadır ki bunlar hiçbir canlıyı yaralamama-öldürmeme *(ahimsa)*, doğruluktan ayrılmama (*satya*), hırsızlıktan kaçınma (*asteya*), zinaya yaklaşmama (*brahmacharya*) ve dünya malını tamah etmeme (*aparigraha*) gibi evrensel ahlak prensipleri olarak sıralanmaktadır.[84] Bireyin kurtuluşu için bir diğer esas ibadet ederek Tanrı ile beraber olmasıdır. Kişisel ibadetlere puja adı verilir ve Kurban ibadetine ise jajna denir. 'Aparigraha' prensibine göre kişinin tanrıyla beraber olması ise ancak dünyevi istek ve arzulardan arınmasıyla mümkündür. Bu nedenle Hinduizm'de münzevi bir hayat süren Sadhular kutsanmıştır. Hinduizm'de, 'iyi, kutsal' anlamına gelen Sadhu terimi kutsal kabul edilen kişiler için kullanılır. Çoğu âsa taşıyan, safran rengi elbise giyen veya çıplaklığı tercih eden Sadhular, yaşam tarzlarına genellikle küçük yaşlarda başlarlar. Bazıları başlarını kazıtır; bazıları ise saç ve sakallarını uzatır. Onlardan bir kısmı tek başına yaşarken, bir kısmı manastır hayatı sürer. Ayrıca Hinduizm'de dünyadan el

---

[82] Murray Bookchin, *Özgürlüğün Ekolojisi*, (Çev.: A. Türker), Ayrıntı Yayınları, İstanbul 1994, 23.
[83] Sivananda, 5.
[84] Ali İhsan Yitik, *Hinduizm'de Din ve Din Anlayışı: Dharma Kavramı*, Dinler Tarihi Derneği Yayınları, Ankara 2002, 315.

etek çeken keşişler olan 'sanyasin'lere ve nefsi köreltmenin ve çilenin, dünyalık zevklerden feragat etmenin başka bir formunu sunan 'Hint fakirleri'ne de rastlanır.[85]

Bu inanışta bütün varlıkların aslı tek bir kaynaktan geldiğine inanılır ki bu hakikat bilgisini ifade eder. Hinduizm insanın doğayla uyumlu olduğu 'organik toplum' yapısını salıklar. Toplumu bir organizma gibi ele alan organik görüş, insanları doğanın efendileri olarak değil, sadece bir parçası olarak değerlendirir.

Dolayısıyla, bireyler, yaş ve gruplar arasında ve insanlık ile doğal dünya arasında farklılıklar, hiyerarşi kaynağı olarak değil, 'çeşitliliğin birliği' olarak görülür. Canlıların birbirine bağımlı olduğuna inanılır ve bu nedenle birlik, dayanışma, karşılıklı bağımlılık ve bakım savunulur.[86]

Hinduizm'in dünyaya temel bakış açısını gösteren en küçük hayvandan ve yüksek ağaca, en uzun nehirden ve en güçlü dağa ve hatta yıldızlara ve gezegenlere, hayatın tümüne karşı hürmetkar bir tutum, insan ekolojisinin çevreyi ve tabiatı en az seviyede tahrip etmesini de sağlayabilecektir.[87]

Gerçekten özellikle Hindu inanışına bu açıdan bakıldığında yaşamın ve tabiatın her alanına oldukça saygı duyulmakla birlikte orman ve ağaç kavramları ve insanların ruhunu taşımaya namzet hayvanlar o kadar değerlidir ki neredeyse sosyal ekoloji doğanın ve tabiatın gölgesinde şekillenmektedir. Hint bilgelerinin yaşam alanı olan orman onları derin bir tefekküre yönelterek doğayla barış içinde uyanışlarına katkıda bulunur.

Hinduizm'de vejeteryanlık ve inek eti yasağı ile ilgili farklı sebepler zikredilir. İlk dönemlerden itibaren Hinduların et yedikleri, ancak Eski yasa koyucu Manu'nun Ahimsa (öldürmezlik) kuralından dolayı vejeteryanlığı teşvik ettiği kaydedilir. Kimileri, ineğin yasak oluşunu, 'ahimsa' kuralıyla, zararsız ve temiz oluşuyla veya yalnızca kendi buzağısını değil herkesi besleyip büyüten ve bakan anne olma

---

[85] Salihe Polat, *Hıristiyanlık'ta Manastır Hayatı*, (Yayınlanmamış Yüksek Lisans Tezi), Ankara Üniversitesi Sosyal Bilimler Enstitüsü Felsefe ve Din Bilimleri (Dinler Tarihi) Anabilim Dalı, Ankara 2004, 11

[86] Aygün, Mutlu, 18

[87] *Our Sacred Earth Hinduism and The Environment,* Erişim Tarihi: 05.03.2014, http://greenfaith.org/religious-teachings/hindu-statements-on-the-environment.

durumuyla" kimileri ise etinin sağlığa zararlı oluşuyla açıklamışlardır. İnek yeme yasağı ile ilgili genel kabul, ineğin bolluk ve bereketin Tanrı'nın insanlığa inayetinin, Tanrı'ya bağlılığın ve sadakatin sembolü olmasındandır.[88]

Doğayla nefes alan ve neredeyse onunla canlı olan Hindu ahlakını en iyi betimleyen örneklerden biri Ekofeminizm akımları içerisinde değerlendirilen 'Chipko Hareketi'dir. 1970'li yıllarda ağaç kesimlerinin artışıyla Himalaya tepelerinin eteklerinde yaşayan kasırgalar sonucu ortaya çıkan toprak kaymalarında büyük ölçüde can kaybı yaşanması ve özellikle kadın ve çocukların ciddi zararlar görmesi ile olarak ortaya çıkan Chipko hareketi, Hindu dilindeki sarılmak (*chipko*) fiilinden adını almıştır. Kuzey Hindistan'da ticari amaçlarla kesilmek istenen ağaçlara sarılarak onların yok edilmesini önlemeye çalışan kadın köylülerin bu hareketin öncüleri olmuşlardır.[89] Kadınlar bir kuşak önce Mahatma Gandhi'nin yaptığı şiddet içermeyen bir sivil itaatsizlik[90] yöntemini uygulamışlardır.

Diğer yandan, Karma inanışı da Hinduizmin doğayla "ayrılmaz bütünlük" argümanının tamamlayıcılarından biridir. Karma ve Tenasüh anlayışı Hinduizm'in en önemli özelliklerinden birisini oluşturmaktadır. Hinduizm'de zaman çizgisel değil döngüsel olup bu inanışta doğum-yaşantı-ölüm çemberinde bir sonraki doğumunun daha üst kastta gerçekleşmesi için mücadele edilmesi esastır. Bu ise yaşantıda elde edilecek Karmik birikimle mümkündür. Karmik birikim yapılan işler sonucu elde edilen kazanım veya kayıpların sonucudur ve ruhların bir sonraki hayatlarında daha üst veya alt kastlarda doğmasında etkindir. Buna Tenasüh (Ruh Göçü) denilmektedir.[91]

Tenasüh hakkında detaylı bilgilerin yer aldığı bir Upanishad'da Ay dünyasına ulaşan ruhların, Ay tarafından ilk yarıda sevindirilirken ikinci yarıda yeniden doğmak üzere yeryüzüne gönderildiğine inanılır. Yeryüzüne gönderilen ruhlar, hem yaptığı işlere hem de bilgi düzeyine bağlı olarak solucan, böcek, balık, kuş, aslan, domuz,

[88] Ali Osman Kurt, "Yahudilik'te Koşer ve Koşer Ekonomisi", *C.Ü. İlahiyat Fakültesi Dergisi*, XIV(2), 2010, 128.
[89] Des Jardins, 471.
[90] Des Jardins, 474.
[91] Duran, 135.

yılan, kaplan ve insan biçiminde yeniden yaşam bulur. Yine Ay, göksel dünyalara açılan bir kapıya benzetilir. Ay, kendisine yanıt verenleri ve göksel dünyaları hak edenleri hemen kapıdan geçirerek ebedi kurtuluşa açılan yola iletir. Yanıt vermeyenleri ise yağmur şeklinde bu dünyaya tekrar gönderir. Görüldüğü üzere Atalar diyarının zirvesi olan Ay dünyasına ulaşan her ruh, tekrar genedoğum çarkına dönmemektedir.

Bazı ruhlar Ay dünyasından ebedi kurtuluşa giden diğer basamaklara adım atabilmektedir. Dolayısıyla Ay, Brahman'a kavuşup kavuşamayacak ruhları seçen bir süzek konumundadır.[92]

Hindular insanların yapıp ettiklerinin karşılığını iyi veya kötü muhakkak göreceklerine inanmaktadırlar. Reenkarne olan ruh başka bedenlere girerek yaşamını devam ettirir. Tenasüh inancı ile insan, yaptığı ve yaşadığı iyi veya kötü yaşamın bir sonucu olarak insan, hayvan ve bitki olarak tekrar dünyaya geri döner, sonuç olarak insan ve çevre ekolojisi birbirinin içerisine geçerek daha girift bir hal alır.

"Hinduizmin telâkkisine göre, doğumlar silsilesinde (Samsara) her insan daha önceki varlıklarda sebkeden amelinin kendisini adeta kanuni bir zaruretle getirip bıraktığı noktada yeniden doğar. Binnetice fertler, kastlar nizamındaki yerlerini bir tesadüf eseri yahut sosyal bir haksızlık değil, bilakis çok manidar ve kaçınılması imkansız bir icab telâkki ederler."[93]

Wach'ın deyişiyle, "Homerik ve eski Hint dinleri gibi gelişmiş tabiat dinleri ile ilkel kültür dinleri de dünyayı az çok ilahi bir Varlık olarak görürler. Şöyle ki: Dünya bir eser, ilahi vahiy ve uluhiyetin görünen şekli olarak kabul edilir."[94]

Gerçekten de Hinduizm'de Yaratıcı tabiatla içkindir ve yaratılan hemen her şey kutsaldır. İnsanlık yaratamadığı şeyi yok etme hakkına sahip değildir. Evrende insanlar ve diğer canlılar iç içe geçmiş bir bütün olduğu için bütüne yönelik bir ahlaki

[92] Kutlutürk, s,117
[93] Hans Freyer, *Din Sosyolojisi,* (Çev.: Turgut Kalpsüz), Ankara Üniversitesi Basımevi, Ankara 1964, 29.
[94] Joachim Wach, *Din Sosyolojisine Giriş*, (Çev.: Battal İnandı), Ankara Üniversitesi Basımevi, Ankara 1930, 14.

sorumluluk fikrinin vurgulanması gerekir. Kozmik yolculuğumuza, doğumlar ve ölümler sayısız döngüler eşlik etmektedir.

İyi ya da kötü karmaya dayalı olarak Hayat ya daha yüksek formlara ilerler veya düşük yaşam formları içine geriler ve yaşamın tüm formları arasında bir bütünlük bulunmaktadır. Reenkarnasyon düşüncesi ise zulmetmeme konusunda bizi uyarmaktadır.[95]

### 2.2.4. Mahatma Gandhi ve Çevre

Mahatma Gandi, doğa tahribatına karşı ekolojik duyarlılığının bir göstergesi olarak üzerinde güneş batmayan imparatorluğa 'Birleşik Krallığın kalkınması için dünyanın kaynaklarının yarısını tükettiniz. Hindistan'ın aynı düzeye gelebilmesi için acaba kaç dünya gerekir?' sorusunu yöneltmiştir.[96] Hindistan'ın kurtuluş mücadelesinde önemli bir yere sahip olan Gandhi, emperyalizme karşı verdiği direniş mücadelesi kadar yaşam felsefesiyle de insanların dikkatini çeken bir liderdir. Şüphesiz bunda, içerisinde yetişmiş olduğu Hindu Felsefesi'nin rolü azımsanmayacak kadar büyüktür. Dindar sayılabilecek derecede Hint geleneklerine bağlı olan Gandhi'nin en önemli özelliklerinden biri, mütevazi olması, sade yaşamı tercih etmesi doğaya ve hayvanlara – günümüz insanında görülmeyen- duyarlılıkla değer vermesidir.

Gandhi 1869-1948 yılları arasında yaşamıştır. Hintli bir hukukçudur. Güney Afrika'da Hintlilerin kurtuluşu için uğraşmış ve Hindistana siyasal özgürlüğü kazandırmış bir önderdir. Fikirlerinin temeli eski Hint zahitliği olan Ahimsa (*öldürmemek*) ilkesi idi. Kendisini Buda, Hz.İsa ve Hz.Muhammed'in öğrencisi olarak tanıtan Gandi tipik bir Hindu olarak çeşitli sınıflar arasındaki sınırı kaldırmaya çalışmıştır. Fakat Hinduizmde büyük bir rol oynayan bir anlayışa göre ineğe gösterilen saygıyı muhafaza etmişti. Çünkü inekte insanlık dışı tabiat kutsallığının

---

[95] *Hinduism and The Environment*, Erişim Tarihi: 5.03.2014, http://www.hinduismtoday.com/modules/smartsection/item.php?itemid=5161.
[96] Ilgar, 106.

güzel bir sembolünü görmüştü. 'Avataralara inanış' Gandiye her dinin temsilcilerine saygı göstermeye imkân vermiştir.[97]

Hindistanlılar tarafından Büyük Ruh manasına gelen Mahatma diye adlandırılan Mohandas Gandhi, Hint köylerine aşıktı ve Hindistan'ın değil köylerde yaşandığına inanırdı.[98] Kendisinden sonra gelen politikacılar da onun yolunu izlemişler tabiat ve özellikle beşeri ilimler arasında doğrudan bir bağ kurmaya özen göstermişlerdir.

Geleneksel Hindu eğitim hayatı, ekonomik, siyasi, kültürel, ve her şeyden önce dini hayatı tüm yönleriyle kapsamaktadır. Chaitanya, Gandi ve Krishna'nın yaşamın ekonomik ya da siyasi ve dini ya da kültürel yönleri arasında net bir ayrıma yer vermediklerini görülmektedir. Beden ve zihin kalbin hizmetinde bulunmaktadır. Aynı şekilde köklü bir din, kültür ve ruhsal deneyimler tarafından şekil verilen, siyaset ve ekonomi için de aynı benzetme yapılabilir.[99] Gandhi'ye göre politika ve ekonomi bilimleri, insan varlığının ve bekasının müsebbibi olan doğal çevre ile uyumlu kılınmalı onu koruyucu argümanlar içermelidir.

Geleneksel Hindu düşüncesinden hareketle, halkına 'Kendine yetecek olanı almayı' öğütleyen Gandhi'ye göre, aşırı üretim yapmak yoluyla kar sağlamayı yegane amaç edinenler kadar, gereğinden fazla tüketmek yoluyla sınırsız üretim yanında sınırsız tüketim zihniyetinin gelişmesine katkıda bulunan bireylerde toplumsal ve çevresel dengenin bozulmasından aynı derecede sorumludurlar.

Gandhi, modern makineleşme sürecini kuşkuyla karşılamış çoğunlukla teknolojinin kullanılmadığı bir Hindistan Ütopyası kurmuştur.[100] Çünkü teknolojinin yaygınlaşması, doğal çevrenin tahribi demek olduğu kadar, yoğun nüfusa sahip olan Hindistan'da işsizliğin yayılmasına da sebep olacaktır. Bunu önlemek için insan kaynaklı tarımsal faaliyetlere ağırlık verilmesi konusunda halkını teşvik etmiş, Hindistan'ın varoluşunun toprağına sahip çıkmak ve saygı duymakla mümkün

---

[97] Taplamacıoğlu, 182.
[98] Ranchor, 96.
[99] *Hinduism and The Environment*, Erişim Tarihi: 05.03.2014 http://www.hinduismtoday.com/modules/smartsection/item.php?itemid=5161.
[100] Victor Ferkiss, *Nature and Tecnology*, Society Culturel Roof of the Current Envirentent Crissis New York University Pres, New York 1993, 138.

olacağını birçok konuşmasında ifade etmiştir. Gandhi'nin tüm bu söylem ve fikirleri ne yazık ki güncelliğini uzun süre koruyamamıştır. Çünkü günümüz Hindistan'ında Hindu felsefesinden kopuk işleyen bir sosyo-ekonomik yapı mevcuttur.

Geleneksel Hindu öğretilerinden ayrılmış olunması yüzünden, ekonomisini kalkındırmak için tüm gücüyle çalışan bir Hindistan'a rağmen yoksulluk ve bakımsızlık içerisinde kıvranan Hindu köyleri[101] bu ülkenin gerçek çehresini yansıtmaktadır.

Ayrıca hızlı nüfus artışının doğa üzerindeki tahripleri, özellikle Himalaya eteklerindeki yoğun nüfus baskısı[102] ile ağaçlara 'tevazu sahibi mürid'[103] vasfını yakıştıran bu ülke insanının geniş çaplı ormansızlaştırma hareketine girişmesi, büyük ve düşkırıcı bir çelişkidir.

## 2.3. BUDİZMİN KÖKENLERİ

Yüzyıllardır Hind-i Çin, Nepal, Tibet, Çin, Kore ve Japonya dahil Asya'nın büyük bölümünde hakim olan ananevi bir gelenek olan Budizm milattan sonra 6.yüzyıl dolaylarında Guatama Buda tarafından kurulmuştur.[104]

Budizm'in kurucusu olan Buda'nın Sanskritçedeki anlamı, hikmettir. Kendisine Sakyamuni de denir.[105] Buda ismi uzun manevi yolculuklar sırasında varoluşun gerçek manasını ormanda doğayla iç içe bir yaşan sürerek arayan, Guatama'nın bu soruların cevaplarını bulması üzerine kendisine yakıştırılmıştır.

Buda, müritlerine didaktik bir sistem sunmamış, daha çok yaşayarak öğrenmeyi tavsiye etmiştir. Bu nedenle Budizm bir yaşam felsefesinden çok bir yaşam biçimidir. Budizm'de amaç ruhi olgunluğa (*Nirvana*) erişmek için bireyin ahlaki yönden kendisini geliştirmesi, manevi yolda ilerlemesidir.

---

[101] Ferkiss, 138.
[102] Gordon Johnsson, *Atlaslı Büyük Uyg. Ans. Hint Dünyası,* (Çev.: Müfide Pekin), İletişim Yay., İstanbul 1998.
[103] Ranchor, 119.
[104] *Sosyal Bilimler Ansiklopedisi*, I, 183.
[105] Taplamacıoğlu, 174.

### 2.3.1. Budist İnanışında Doğanın Önemi

Budist yaşam biçiminin şekillenmesinde doğa en önemli etkenlerdendir. Çünkü onlar Buda'nın tam uyanışını (ermesini) yıllarını doğanın içinde geçirmesi sonucu gerçekleştirdiğine inanırlar. Dolayısıyla varlığın sırrına ermek için doğayla baş başa kalmak ön şarttır. Zaten Budizm'de öğütlenen de insanların doğadan tamamen farklılaşmamaları ve teknolojik faydalar için doğayı tahrip etme yolunu seçmemelidirler.[106]

Budizm inanışına göre yaratılanlar, yaratıcı ve doğayla bir bütün halindedirler. Bu durumda doğanın herhangi bir parçasında meydana gelecek olan bir aksamanın onunla böylesine hemhal olmuş olan insana da yansıyacağı şüphe götürmez bir gerçektir. Bugün ekolojik tahribatın boyutlarıyla düşünülecek olursa Budist öğretisine göre insanlık, çevreye karşı bu tür sorumsuzca davranışlarının acısını sadece bir defa değil defalarca çekecektir. Bu fikri Karma ve Reenkarnasyon düşünceleri desteklemektedir. Gerçeğe ulaştıktan sonraki ilk vaazını, Kuzey Hindistan'ın entelektüel ve felsefi merkezi olan Benares'te veren Buda, talebelerine, ahlaki kaideler olarak, bilgi sahibi olmak, manevi temizlik, sabır ve tahammül, şefkat ve merhamet, himmet ve sadakadan oluşan altı faziletin öneminden bahsetmektedir.[107]

### 2.3.2 Tabiatla İçkin Yaşam ve Reenkarnasyon İnanışı

M.Ö.II. yüzyıldan itibaren, içlerinde palmiye yaprakları ve huş ağacı kabuğundan tabletlerin bulunduğu çeşitli malzemelerde kayıt altına alınan 'Üç Sepet' anlamına gelen, Tipitaka ve Sanskritçe'de Tripitaka olarak isimlendirilen Budist metinleri, konularına göre Sri Lanka konsilinde, öğrencilerinin uyması gereken kurallar sepeti, (*Vinaya-Pitaka*); söylevlerin yer aldığı sutralardan oluşan vaaz sepeti, (*Sutta-Pitaka*) ve son olarak felsefi metinler sepeti, (*Abhidhamma-Pitaka)*olarak üç

---

[106] Ferkiss, s, 136.
[107] Nasuh Günay, "Tarihi Süreç Açısından Budizm ve Öğretisi", *Arayışlar Dergisi*, 1(3), Isparta 1999, 179.

kısma ayrılır.[108] Budistlerin belli başlı bir kutsal kitapları olmasa da Buda'nın vaazlarının yüzyıllarca sözlü olarak nesilden nesile aktarılan Tripitaka'da Budizm felsefesi ayrıntılı olarak ele alınarak, bir Budist'in günlük yaşamda uyması geren kurallar Buda'nın hayatı, vaazların yorumu gibi konulara değinilmiştir. Dua kitaplarında; "İman benim tohumum, ıstırap yağmurum, bilgi boyunduruğum ve sabanım, aklım sabanımın dişleri, gücüm ise öküzlerimdir. Ektiğimin ürünü ölümsüzlüktür." şeklinde olduğu gibi tabiat betimlemeleri fazlaca yer almaktadır.[109]

Budizm inanışında doğadaki her şeyin sürekli bir değişim içerisinde olduğu düşüncesi hakimdir ve insan bu değişim içerisinde doğayla neredeyse 'Birlik' olmuştur.[110]

Yaratıcı'nın nizamı, Budizm'de felsefi olarak şu şekilde ifade edilmektedir: "Eğer ağacın yaprakları yeni bir hayatın kaynağı olacaklarını bilselerdi rüzgâr estikçe yere düşeceğim diye korkudan tir tir titremezlerdi."[111]

Hakikaten, ağaç yapraklarının meydana getirdiği ölü örtünün, milyonlarca mikroorganizma için bir hayat kaynağı olduğu bilinen husustur.

Öldükten sonra yeryüzüne tekrar başka bir bedende veya biçimde dönülmesini ifade eden Reenkarnasyon düşüncesi, Budist inanışında çevre ve tabiata duyarlılığı hakim kılmıştır. Bu düşünceye göre, bireyler dünyada iken işlediği kötülükleri, öldükten sonra tekrar dünyaya gelerek ödemektedir. Bu durumda insan, eğer bir çiçeği koparırsa, öldükten sonra bir çiçek olarak dünyaya gelebilir ve başkası tarafından koparılabilir.

Budist inanışına göre insan tabiatını ve dünyayı bu şekilde anladığı zaman, diğer varlıkların başka şeylerden bağımsız ve ayrı olarak kendi gerçeğimizde var olduğu şeklindeki içgüdüsel saplantıdan kurtulabilir.[112] Bir Budist rahibin duasında yer alan ;

---

[108] V. Şafak Yamı, "Budizm'in Çin'e Girişi ve Madhyamika Okullarının İlk Evreleri", *Türk-İslam Medeniyeti Akademik Araştırmalar Dergisi*, Yıl: 6 Sayı: 12, Konya 2011, 91.

[109] *Guatama Buddhanın Hayatı*, Erişim Tarihi: 03.03.2014 http://epistemoloji.blogspot.com.tr/2008/07/guatama-buddhann-hayat.html.,

[110] Ferkiss, 135.

[111] T.Halid Yücesan, *Ekolojik Dengede Zamanın Rolü*, Erişim Tarihi: 04.03.2015, http://www.sizinti.com.tr/konular/ayrinti/ekolojik-dengede-zamanin-rolu.html

"Şimdiye dek her geliş gidişimde, içinde hapis olduğum,
Duyularla duvaklanmış bu evin,
Yapıcısını aradım durdum. Ey yapıcı! Simdi seni buldum.
Bir daha bana ev yapmayacaksın,
Bütün kirişlerin kırıldı, payandaların çöktü.
İçimde Nirvana 'nın suskunluğundan başka bir şey kalmadı.

Tutkuların, isteklerin biçimlediği yanılgıdan kurtardım kendimi." ifadelerinde de görüldüğü gibi 'Budizm'in, dünyaya karşı herkesçe bilinen bir ilgisizliği' mevzubahisken[113] diğer taraftan esho-funi ilkesiyle beslenen ve bireyin kendini tabiatla ayrılmaz bir bütün olarak gördüğü bir temayül mevcuttur.

Budizm öğretisi, bir yandan ben'i yokumsarken öbür yandan da bireyciliği en ileri götürmüş olan öğretidir. Buda, insanın toplumun kendisine giydirdiği kişiliksiz kişilikten soyunup gerçek varlığıyla baş başa kalınca gerçeği olduğu gibi özümleyecek bir yeteneğe sahip olabileceğine inanmaktadır.[114]

Budist prensiplerinden biri kendini çevre ile bir gören (Esho funi) ilkesidir, yaşam (*sho*) ve onun çevresi olan (*e*)'dir ve bunlar birbirinden ayrılamaz (*funi*) bir bütündür. Funi 'iki ama iki değil' anlamına gelir. Bu insana çevresindeki şeyleri ayrı olarak algılamasına rağmen, evrenle yaşamın aynı boyutta bir bütün olduğunu anlatmakta ve en temel düzeyde, insan ve çevre arasında hiçbir ayrım olmadığına vurgu yapmaktadır.[115]

Birey kendi tabiatını ve dünyayı bir şeyin var olduğu zaman başka bir şeyin de buna bağlı olarak var veya yok olacağı şeklinde anladığı zaman, benmerkezci ve geniş anlamda insan merkezci düşüncelerden arınır. Budist ahlakı hodgamlık yerine diğergamlığı, tahrip etmek yerine hiçbir zararlı eyleme temayül göstermemeyi ve acımasızlık yerine empati ve merhameti içselleştirmeyi salıklar.

---

[112] Martine Bochelar, Kerry Brown, *Budizm, Ekoloji*, İGDAŞ Yay., İstanbul 1997, 31
[113] Wach, 36
[114] *Budizm*, 8, http://gizlimi.com/dinler-tarihi/budizm., Erişim Tarihi:13.06.2014
[115] *Oneness of Self and Environment*, http://www.sgi.org/buddhism/buddhist-concepts/oneness-of-self-and-environment.html., 18.06.2014

Budist ahlakına yön veren ve Budist okullarında rahipler ve Budist öğreticiler tarafından mecburi olarak görülen temel kurallar; Hiçbir canlıya zarar verilmemesi, cinsel suistimallerden uzak durularak nefse esir olunmaması, yalan söylenmemesi ve sarhoş edici maddelerle bilincin yitirilmesine izin verilmemesi ilkeleridir.[116]

Hinduizm inanışındaki gibi insanların dünyadaki davranışlarının gelecekteki yaşamlarını etkileyeceği düşüncesine dayanan Karma'dan hareketle, insanların topluma ve doğaya vermiş oldukları zararların yine kendilerine yöneleceği gibi çıkarımda bulunulabilir. 'Ne ekersen onu biçersin' deyişinin karşılığı olan Karma felsefesinin özüne riayet edildiği taktirde, ekolojik sorunların-en azından-daha fazla artış göstermeyeceği açıktır.[117]

### 2.3.3. Budizmde Yaşama Saygı

Hayvanları yaşam döngüsünün en önemli unsurlarından sayan Budist felsefede etyemezlik – vejeteryanlik - üzerine farklı okullar arasında farklı yaklaşımlar mevcuttur. Mahayana okullarının çoğu etyemezliği savunurken, Theravada okullarında öğretilen geleneklerde Buddha'nın, hayvanların rahiplerin yemesi amacıyla öldürülmediği sürece, rahiplerinin bazı hayvanların etlerini yemelerine izin verdiği kabul edilmiştir. Therevada felsefesine göre, Buda rahiplerin vejeteryanliği benimsemelerine izin vermiştir.

Vejeteryenliğin gerekli olup olmadığı konusunda görüş ayrılıkları mevcuttur. Budizm'in Beş İlkesi'nden birincisi, 'can almaktan kaçınmak' bu tartışmaları yönlendiren temel ilkedir.[118]

Öldürmemek manasındaki 'Ahimsa' Eski Hindistan'da bir zahitlik buyruğudur. Her varlığın tenasüh sonucu özel bir ruhu ve değeri mevcut olduğundan onu öldürmek yasaktır. Ahimsa buyruğu Budizm'de de saygı ile karşılanmaktadır.[119]

---

[116] *Budizm*, http://panteidar.wordpress.com/2012/05/27/budizm., Erişim Tarihi: 13.06.2014
[117] Bochelar, Brown, 29.
[118] *Budizm ve Vejetaryenlik*, http://www.budist.net/budizm-ve-vejetaryenlik.html., Erişim Tarihi: 18.04.2014
[119] Taplamacıoğlu, 169

Toprağa ve ormana, hayvanlara kısacası yaşamın her alanına büyük bir değer atfeden Budizmde özellikle Tayland yakınlarındaki kutsanmış ağaçlar, Budist folkloründe önemli bir yer edinmektedir. Tayland'daki çoğu ormanın aksine, bu ülkenin ormanlarında yer alan yüzlerce Budist manastırını çevreleyen ağaçlıklı alanlar hâlâ ayakta durmakta ve konuda manastırdaki keşişler her türlü övgüyü hak etmektedirler. Ağaçlara doladıkları safran sarısı yaldızlı bez şeritler, ağaçların kesilmesini önlemekte, böylece ağaçlar Tayland'ın filleri ve diğer yabanıl hayvanlar için birer sığınak oluşturmakta ve küçük kümeler halindeki yaşam alanlarının korunmasına yardımcı olmaktadır. Ormanlardaki keşişlere göre, Budist öğretiler 'derin ekoloji'ye ilişkin çevreci ilkeyle bütünlük içinde olup her ikisi de ekoloji ile tinselliği birleştirmekte; karşılıklı ilişkiyi ve tekliği vurgulamaktadırlar.[120]

## 2.3.4. Budist Ekonomisi ve Doğayla Barışık Üretim

Gerçek kalkınma, insan ihtiyaçları ve doğal dünyanın ritimleri ile uyum içindedir. İnsanlar evrenin efendisi değil bir parçasıdır. Dünya çapında yerli halkların yaşattığı gelenekler aynı zamanda Budizm'de, her şeyin birbiriyle ilişkili olduğunu ifade eden 'farkındalık' kavramına karşılık gelmektedir.[121]

İsrafın ve dengesizliğin hor görüldüğü ve tutumlu olmanın öğütlendiği Budizm inanışında, kendine yetecek kadar üretmek ve bununla iktifa etmek övülmüş, bu bağlamda lokal üretime değer verilmiştir.

İnsanın doğayla uyumunu yeniden gözden geçirmesi, empati kurabilmesi ve yaşam seviyesini ve kalitesini düşürmeden etkinliklerini, üretim ve tüketim faaliyetlerini çevredeki doğal dengelere göre düzenleyebilmesi olasıdır.[122]

Bu bağlamda, 1958 yılında, bir grup lise öğrencisinin iki hafta boyunca yoksul bir Hint köyünde toprak ve doğayla iç içe çalışarak, yaşamın gerçeklerini anlamada

---

[120] *Tayland'ın Filleri*, http://www.nationalgeographic.com.tr/ngm/0510/bilgi.aspx?Konu=5., Erişim Tarihi: 13.7.2014

[121] *Buddhism and the End of Economic Growth*, http://www.ecobuddhism.org/wisdom/editorials/beoeg., Erişim Tarihi: 16.05.2014

[122] Elif Çolakoğlu, "Haklar Söyleminde Çevre Eğitiminin Yeri ve Türkiye'de Çevre Eğitiminin Anayasal Dayanakları", *T.B.B. Dergisi*, Sayı: 88, 2010, 151.

katkıda bulunan Sarvadoya Hareketi, zamanla boyutlarını aşarak Hindistan ve Srilanka'da doğadan farklılaşmış ve topraktan kopmuş insanların inanışlarının özüne dönmelerine katkıda bulunacak bir doğa hareketine dönüşmüştür.[123] Zaten Budist Felsefesinin temelinde, "insan doğa düalizmine değil, karşılıklı bağımlılık düşüncesine dayandığı için"[124] bu hareketin geniş ölçüde uygulanma alanı bulması zor olmamıştır.

Budizm inancında erdem olarak değerlendirilen tutumlu olunması ve bu doğrultuda kendine yeteni üretme düşüncesi Ladakin köylerinden birinde gözlemlerde bulunan bir yazar tarafından şu şekilde dile getirilmiştir: "Dış dünyaya sadece, tütün, çay ve birkaç kişi madde için bağımlıdır. Kaynakların bu idareli kullanım şekli ile bizim fazla tüketip, fazla çöp üreten ekonomimiz arasındaki tezat çok çarpıcıdır. Bu eski hayat pratikleri ile şimdilerde geliştirmeye çalıştığımız 'ekoloji' kavramı arasındaki benzerlik dikkat çekicidir."[125]

20. yüzyıl boyunca ekonomistlerin açıklamalar ve çözümler sunmak için uğraştığı ancak hakim olan ekonomik modeller ve teorilerin hızla çöktüğü bir ortamda Schumacher, yıllar önce "Budist Ekonomi'' modeliyle fark edildi.[126] 1955 yılında ekonomik danışman olarak Burma'ya giden Schumacher'in burada yaptığı gözlemlere dayanarak yazdığı Budist İktisadı, (*Buddhist Economics*) adlı çalışmasında savunduğu, 'yerel kaynaklardan yerel ihtiyaçları karşılamak için yapılan üretim aslında en rasyonel üretimdir' savı Budist üretim tarzını oldukça iyi tanımlamaktadır.[127]

1970'lerde yayımlanan Küçük Güzeldir (*Small is Beautiful*) isimli eseriyle tüketim ve yaşam alışkanlıkları konusunda çığır açan, Schumacher, ekolojik dengenin

---

[123] Bochelar, Brown, 125.
[124] Arnold Toynbee, Daisaku İkeda, *Yaşamı Seçin*, (Çev.: Umut Arık), A.Ü. Basımevi, Ankara 1992.
[125] Ranchor, 82.
[126] Barbara O'Brien, *Buddhist Economics*, E.F. Schumacher's Prophetic Ideas, Erişim Tarihi: 05/06/2014, http://buddhism.about.com/od/basicbuddhistteachings/a/schumaker.htm.
[127] Merve Akkuş, *Hayatı ve Düşünceleri ile Bir "İktisatçı": Ernst Friedrich Schumacher*, Erişim Tarihi: 14.06.2014, http://isahlakidergisi.com/wp-content/uploads/2014/06/sayi07-akkus-tr.pdf., 14.06.2014

sağlanabilmesini Budist Ekonomisi'nin gelişmesiyle mümkün gördüğünü ifade ederken, mekanik dünya görüşüne karşı, alternatif olarak Budist Felsefesinin ve ekonomi anlayışının referans alınmasının, çevre sorunlarının çözümüne katkı sağlayacağı düşüncesini taşımaktadır.[128]

Bazı kırsal kesimlerde, yerli halklar doğal çevre için derin bir saygı göstererek ihtiyaç duyduklarından daha fazla almayarak ve zenginlikleri muhafaza ederek kendilerine rızık veren doğayı korumuştur. Ancak, maddi hırsın hakim olduğu gelişmiş bölgelerde, doğal çevre sık sık yıkıcı etkilere maruz kalmış, yok olup gitmiştir. Oysa Budizm yaşamın belli bir amaca dönük, canlı özne olan bir ortamda tezahür ettiğini öğretir. Nichiren "Yaşam, her bir anı kapsar, özbenlik ve çevre, canlı varlıklar kadar doğal yaşamdaki bitkiler, gökyüzü ve toprak ve önemsiz en küçük bir toz zerresi gibi hissiz varlıklar tarafından da şekillendirilir.'' diyerek yaşamın çevreyle sıkı bir bağ içinde olduğunu ifade eder."[129]

Bugünün Budist ekonomisinde esas olan, eleştirel düşünme ve ekonomik büyüme fetişine karşı meydan okumadır. Dalai Lama, Thich Nhat Hanh and Sulak Sivaraksa gibi Budist liderler yıllardır buna vurgu yapmışlardır. Onlara göre krizin sesi duyulmaya başlanmıştır. Eğer insanlık bu yüzyılda hayatta kalmak ve gelişmek istiyorsa bunun için sadece ihtiyaçları nispetinde tüketmesi gerektiği gerçeğini hızla öğrenmesi gerekir. Budist öğretiler bunun yaşam kalitesinde bir azalma gerektirmediğini vurgulayarak aksine, yaratıcı bir 'vites küçültme'nin insana hayatta en önemli olanın ne olduğuna odaklanmak konusunda yardımcı olacağını öğütlemektedirler.[130]

---

[128] Victor Ferkiss Nature and Tecnology, Society Culturel Roof of the Current Envirentent Crissis New York University Pres, 1993, 137

[129] Oneness of Self and Environment, http://www.sgi.org/buddhism/buddhist-concepts/oneness-of-self-and-environment.html., Erişim Tarihi: 18.06.2014

[130] *Buddhism and the End of Economic Growth*, Erişim Tarihi: 16.05.2014, http://www.ecobuddhism.org/wisdom/editorials/beoeg.

Bu nedenle ekoloji hareketine katılanların çoğunun Budist geleneğinden ilham aldığı ve ekolojik sorunlara dikkat çekmeye başlayanların bir çoğu Budist inancına sahip olmaları şaşırtıcı değildir.[131]

Budizmin öngördüğü, sabit durum ekonomisine göre, insanlık şayet küresel bir krizin ortasında kalırsa, her şeyin birbirine bağlı olduğu noktasında bilincini geliştirmek ve gerçek bir ruhsal mutluluğa ulaşmak için, hayatı başka bir şekilde yorumlamak ve yaşamak zorundadır. Bu şekilde, ekonomik daralmanın ekonomik büyümeye geçişte on yıllar içinde meydana getirmiş olduğu sosyal zorlukları kendisi ve gelecek nesiller için en aza indirebilecektir.[132]

Bu konuyu Tibet'in hem dini hem de politik lideri olan Dalai Lama, şöyle özetler; Çevrenin ve doğal hayatın tahribi, tamamen tabiattaki zengin canlı türlerini hesaba katmayan ve onlara karşı saygı duymayan cahilliğin, açgözlülüğün ve saygısızlığın bir sonucudur. Eğer dünyada barış gerçekleştirilemezse ve çevre tahribatı bugünkü hızı ile devam ederse, gelecek nesiller ölü bir dünya devralacaktır. Bugün uluslararası topluluk bu tür bir krizle yüz yüzedir.

Büyük insan topluluklarının açlık ve sefaletle yüz yüze kalması ve yeryüzündeki canlı türlerinin yok olması, bilim ve teknolojideki gelişmeleri gölgelemese bile, onlar kadar bir gerçektir. Uzayın fethine paralel olarak insanın cahilliğinin ve güdük anlayışının bir sonucu olarak göller, nehirler, denizler ve okyanuslar kirlenmektedir. Gelecek nesillerin hayvanların gerçek habitatları ile ilgili bir şey bilmeme tehlikesi vardır. Bundan dolayı, insanlık bir şeyler yapmak için somut adımlar atma durum ve sorumluluğu içerisindedir.[133]

İsrafın hor görüldüğü Budizm inanışının ilk devirlerinde "Buda ve talebeleri kendi rahiplerinin topladıkları sadakalarla ve aldıkları hediyeler ile geçinirlerdi.

---

131 *Buddhism – Ecology*, http://www.ecodharma.com/influences-articles/buddhism-ecology., Erişim Tarihi: 16.05.2014

132 *Buddhism and the end of Economic Growth*, Erişim Tarihi: 16.05.2014, http://www.ecobuddhism.org/wisdom/editorials/beoeg.

133 *Çevre ve Din*, http://www.cekud.org.tr/h_img/h_img/%C3%87EVRE%20ve%20D%C4%B0N.pdf., Erişim Tarihi: 13/06/2014

Talebeleri sarı elbiseler giyer, saçlarını tıraş ederler, öğretmenleri gibi iffetli yaşar, fakirlikten ayrılmazlardı."[134] Budist ekonomiye göre; ideal olan aşırılıklar değil yeterli olandır, ekonomik ilerleme, yıkıcı, olduğu zaman değil sadece yeterli olduğu noktada iyidir. "Taşıma kapasitesi" bir sistemin kendini yenileme gücüyle doğru orantılı olarak düşünülürse Budist ekonomisi, yenilenebilir ve yenilenemez kaynaklar arasında ayrım yaparak bir medeniyetin ancak yenilenebilir kaynaklar üzerine inşa edilebileceği tezi üzerine kurulmuştur.[135]

### 2.3.5 Budizmin Ruhu: Yoga ve Karma

Budizm inancında her şey anlık değişimin devinimidir. Bu yolla, kişi gerçekliğin idraki yoluyla özgürleşerek kendisini benmerkezci endişe ve bunun getirdiği mutsuzluktan kurtarabilir. Theravada sevgi ve şefkat üzerinde meditasyon uygulamaları da öğretir; ancak bu yalnızca son çeyrek asırda Tayland'da başlayan ve Budistleri sosyal yardım ve çevreyi koruma gibi konularda geliştirilen programlara dâhil eden "Angaje Budizm" hareketiyle birlikte uygulanır olmuştur. [136]

Budizmde insanı yaratıcıya ulaştıran yollardan biri yogadır. Birlik anlamına gelen yoga hem psikolojik bir disiplin, hem de değer verilen şeyle kaynaşmak gayesiyle teneffüsü kontrol etme faaliyetidir. Bütün varlıkların aslı tek hakikattir. Bu hakikate ulaşabilmek için dini bilgileri öğrenmek ve dünyayı terk etmek lazımdır.

Buda, kendinden geçerek değil, bilinçli bir şekilde yapılan bir meditasyon yöntemi öğütler. Tam bilinçlilik gerçekleşince tam uyanıklık kendiliğinden gelmektedir. Burada tüm ikilikler yok olur; deyim yerindeyse ben'ler bizlere dönüşerek *esho-funi* ilkesiyle insan bütün diğer varlıklarla bir bütün olmaktadır.

---

[134] Günay, 181.
[135] Barbara O'Brien, *Buddhist Economics*, E.F. Schumacher's Prophetic Ideas,. Erişim Tarihi: 13.06.2014, http://buddhism.about.com/od/basicbuddhistteachings/a/schumaker.htm
[136] *İçsel Huzurdan Dışsal Barışı Elde Etmek*, Erişim Tarihi: 19.05.2014, http://www.berzinarchives.com /web/tr/archives/study/comparison_buddhist_traditions/general/survey_basic_forms_buddhism.html .

Her varlığın yaradılışında mevcut olan, kendini bilmek, Yaradan'ını bilmek ve tekâmül etmek, bilgileri aslında kendisine pasif tekâmülü sırasında zerk edilen bir ilâhi empozisyondur, bir tür İlâhi bir öneridir. Tekâmül ederek Yaradan'ı bilmek doğrudan Tanrı'yı tanımak anlamında değil de öncelikle Yaradan'ın aksiyonunu bilmek,[137] onun eseri olan tabiatı tanımak ve onun nazarında yaratıcıya hamd ederek yarattıklarına saygılı olmak demektir.

İnsan, enkarnasyonlar boyunca bütün âlemleri tarayarak Yaradan'ı daha iyi tanıyabilmektedir. Kozmik bilgiye ulaşılması bu yolla mümkün olup tabiatın ve eşyanın bilgisi bu yolla elde edebilmektedir. Sufilikte yer alan "fena fillah" inancının Budizm'deki yansıması tabiatla içkin yaratıcıya ulaşmak için insanın da kendisini doğada bulunan varlıklarla bir tutması tabiat öğelerini kendi canıymışcasına koruyup kollamasıdır.

Budistik Metafizikte, her bir olayın bir diğerinin nedeni olmasını ifade eden karma inancına benzeyen kozalite (nedensellik) prensibine göre mevcut yaşayışında kötü durumda olan insanlar muhakkak geçmiş yaşayışında canlılara verdikleri zararlardan dolayı bu türlü istenmeyen durumlara düşerek bir nevi yaptıklarının diyetini ödemektedirler. Eğer diğer yaşantılarında kemaliyete ulaşarak daha mutlu olmak istiyorlarsa kendilerini evrendeki en önemsiz bir ot parçasıyla eş değer tutarak yaşamlarının tabiatla uyum içerisinde sürdürmeli, hırstan ve israftan uzak yaşayarak ekolojik sorunların temelinde bulunan tüketim ve doğanın yapısını bozan üretim faaliyetlerinden uzak durmalıdırlar.

Sayısız karma deneyimlerinden sonra tekamül ederek Nirvana'ya erişen ruhun ben'i aşınca bilgelikle bütünleştiğine inanılır. Tekâmül etme ihtiyacındaki birey Yaradan'ı tanımak ve ona hürmet etmek zorundadır, bu ise dolaylı olarak Yaratıcının eseri olan tabiata ve en büyüğünden en küçük zerresine kadar bilinçli sevgiyle yaklaşmakla mümkündür.

---

[137] *Budizm ve Nirvana*, www.maxımumbılgı.com., Erişim Tarihi: 12.06.2014

# ÜÇÜNCÜ BÖLÜM

# İLAHİ DİNLERDE TABİAT ANLAYIŞI

## 3.1. İLAHİ DİNLERDE TABİAT ANLAYIŞI

Yerleşim alanları, solunan hava ve kullanılan su gün geçtikçe daha fazla kirlenmektedir. Kirlilik sınırlarının kalitatif ve kantitatif olarak tespitinde sadece matematik modellendirmelere başvurmanın ve ilgili disiplinlerin meseleye toplu halde yaklaşamamalarının getirdiği çözümsüzlükler de artık daha açık görülmektedir.[138] Maddeyi Tanrısallaştıran tüketim toplumlarının oluştuğu, alışverişlerin kitlesel bir ibadete dönüştüğü bugün, var olan düzen ve gelişme hırsı terk edilmeden doğadaki tahribatın ve ekolojik çöküntünün durdurulmasının imkansız olduğunu özellikle Batılı uluslar kabul etmek zorunda kalmışlardır.

Doğanın ıslahı için geriye dönüş zor görünse de en azından israfın terkedilmesi, minimal yaşam standartlarına dönülmesi için politikalar üretilmesi, - bireysel ve toplumsal ölçekte bunun sağlanması zor olacağından devletler nezdinde alınacak caydırıcı önlemlerle bu kısmen de olsa sağlanabilirse - içe dönüş ve manevi değerlerin yeniden onarılması kötü gidişatın durdurulabilmesi için bir umut olarak belirmektedir.

Bu konuda fazla uzağa gitmeye gerek yoktur. Dünya üzerinde yaygın olan ilahi kaynaklı dinler zaten inananlarına yüzyıllar boyunca mütevazi bir yaşamı, sadeliği öğütlemişlerdir. Hepsinin ortak özelliği, tek Tanrı inanışı olan ve Yaratıcı'nın buyruklarını seçmiş olduğu peygamberleri aracılığıyla kendilerine duyurmuş olduklarına inanan İlahi Dinlere mensup olan toplumların ataları, son birkaç yüzyıl öncesine kadar şüphesiz doğa unsurlarıyla uyumlu bir yaşam sürmüşlerdir. Freyer bu konuda:

---

[138] Noyan, 12.

"En saf şekli ile Budizm'in bütün tabii alemi, düpedüz bir hayal, ilahi hakikati gizleyen, aldatıcı bir tül'den ibaret telâkki etmesi, din dolayısıyla tabii aleme karşı takınılmış olan bir tavırdır. Bu telakkinin zaruri neticesi, ferdin ilahi hakikatlere ulaşabilmek için maddi alemden tecerrüt etmesi, el etek çekmesi gerektiğidir.

Diğer bazı yüksek dinlerde -ve mesela, Musevi Dininde, Hıristiyanlıkta ve hatta İslam'da- ise, mukaddes nazariye dünyayı Tanrı'nın eseri addeder; dolayısıyla dünya, insanın bir an evvel kendisinden kurtulması lazım gelen bir yük, aldatıcı bir hayalden ibaret değildir. Demek ki, bu dinler tabii aleme karşı inkâr ve red eden, pasif bir tutumu değil, aksine aktif bir davranışı gerektirmekte ve bu keyfiyet bir tesadüf eseri olmayıp, din nazariyesinin cevherinden neşet etmektedir."[139]

Yahudilik, Hristiyanlık ve İslâmiyet dinlerinin hangisinin özüne bakılacak olursa olsun, insana verilen değer kadar tabiatın kendisine de aynı şekilde değer verdiği görülür. Çünkü yine bu dinlerin hepsinin özünde "Doğanın Yaratıcının insanlığa emaneti" olduğu düşüncesi yer almakta, insana onu Allah adına koruma görevi verilmektedir.

Fakat 17 ve 18. yüzyıllarda ortaya çıkan bilimsel gelişmeler bu görevi tersine bir gelişmenin içerisine sokarak "Allah adına doğanın tahrip edilmesi" gibi bir anlayış doğmuştur. Bu anlayışın mimarlarından olan Bacon'ın ifadesiyle doğa artık 'kendisini gezenler tarafından avlanan, hizmet etmeye mecbur ve köle yapılması gereken bir şeydi. O bilim insanına direnirken bilim insanının görevi doğanın sırlarını söküp atmak için ona işkence etmekti.'[140] İşte bu ve benzeri düşüncelerle uzaklaşılan 'doğayı kullanırken, koruma' bilinci, ilahi dinlerin yeniden yorumlanıp, doğa ile ilişkileri, mensuplarını bilinçlendirecek şekilde yeniden ele alınmasıyla, çok geç olmadan yeniden canlandırılabilir.

İlahi kaynaklı dinler temelde birbiriyle benzer argümanlar içermektedirler, Örneğin, herşeyi yukardan kuşatan büyük varlık anlamına gelen 'das Umgreifend'[141] sıfatı Hristiyanlık öğretisine dayanır ve bu kuşatıcı varlığın evrenle sürekli bir

---

[139] Freyer, 76.
[140] Fritjof Capra, *Batı Düşüncesinde Dönüm Noktası*, İnsan Yay., İstanbul 1992, 56.
[141] Gürsel, 67

etkileşim içerisinde olduğuna, dünyanın büyük bir sembol kitabı olduğuna inanılır ki Tanrının bu kuşatıcılık sıfatı İslamiyet'te Allahın 'Rahman' sıfatıyla oldukça benzeşir. Her iki ilahi dinde Evrendeki her yaratılmışa sevgi ve merhametle yaklaşan en küçük organizmayı bile besleyen, koruyan bir yaratıcı anlayışı vardır ve bu durumda doğru olan, Yaratıcının sevgisini ve merhametini isteyen akıl sahibi insanın da onun yarattıklarına hürmetle yaklaşmasıdır.

Yüce Tanrı "Göğü bu âhenkle O yükseltti ve bu mîzânı (ölçüyü, dengeyi) koydu ki siz de ders alıp ölçü dışına taşmayasınız. Öyleyse siz de tartıyı adaletle yapın, sakın teraziyi, dengeyi aksatmayın!"[142] emriyle, insanın tabiatı buyruğu altına alabilmesi için aklını, iradesini, şuurunu, merhametini, sevgisini dengeli ve iyi bir şekilde kullanması gerektiğini ifade eder. Bu, insanın yaratılmışların en üstünü olmasının da bir sonucudur. Tabiattan yararlanırken ona dostça davranılmalı doğanın kendini yenileme kapasitesini aşmamalı doğanın dengesini bozmamalıdır.[143]

Sadece ilahi dinler arasında değil, mistik inanışlar çerçevesinde ve tüm bu dinler birbirleriyle ilişki içerisinde bulunmak yoluyla ekolojik kriz aşılabilecektir. Ünlü tarihçi ve düşünür Toynbee buna şu şekilde işaret etmektedir;
"İnsanlığı maddi hırsın ilham ettiği teknolojinin sonuçlarından korumak için bütün dinlerin ve felsefelerin taraftarları arasında dünya çapında bir işbirliğine ihtiyacımız olduğunu sanıyorum."[144]

Çevre sorunları açısından dünyanın belki en kötü devirlerini yaşadığı bugün, disiplinlerarası olduğu kadar dinler arası bir işbirliğine ve uzlaşmaya önemli derecede bir ihtiyaç hasıl olmuştur. Dini inançların, çevreye duyarlılık üzerine etkisi konusunda yapılan araştırmalar sonucunda "genel olarak dini eğilim artışının 'çevreye zarar veren ürünleri satın almama, çevreye zarar vermemek için hayat tarzını değiştirme' gibi çevreyle ilgili tutum ve davranışlarda olumlu etkisinin olduğu"[145]

[142] Elmalılı Hamdi Yazır, Kuran-ı Kerim Türkçe Meali, Ayfa Basın, Yayın, İstanbul, 1998, Rahman, 55/1-9, 214.
[143] A. Vehbi Ecer, *Hira Dağından Erciyes Dağına Dağların Kutsallığı*, Erişim Tarihi: 06.05.2014, http://www.kayder.org.tr/sizdengelenler1.pdf.
[144] Toynbee, İkeda, 46.
[145] Ayten, s.228.

göz önüne alındığında böyle bir uzlaşmanın hem insanlığın hem de canlıların selameti açısından oldukça gerekli olduğu görülmektedir.

### 3.1.1. Yahudi Dininin Kökeni

Yahudilerin tarihinin kökeninde M.Ö: XVIII. asır dolaylarında Kenan ülkesine yerleşmek üzere Kalde'yi terkeden bir yerli kabilenin göçü bulunur. Hz. İbrahim nesli olan "İbraniler" kısa zaman sonra, Mısır'a yerleşen on iki kabileyi meydana getirmişlerdir. Orada köle durumuna düşen İbraniler, Hz. Musa tarafından kurtarılmışlar ve birlik haline getirilmişlerdir.[146]

Bugün Yahudiler, çoğunluğu İsrail toprakları olmak üzere Amerika Birleşik Devletleri ve çeşitli Avrupa ülkelerinde yaşamakta olup, kapalı dinsel yapılarını kararlılıkla korumaktadırlar.[147]

Tanrı'nın varlığının insanın eylemlerinde ve tarihinde yaşadığı inancını taşıyan ilk büyük tek Tanrılı din olan Yahudilik, İbraniler ve İsrailoğulları kendileri Tanrı'nın seçilmiş kulları olduğuna inandıkları için zamanla sadece İsrail milletine ait olan ulusal bir din olarak gelişmiştir.

Eski ahit olarak bilinen Tevrat, Yahudilerin en önemli kutsal kaynakları olarak kabul edilmekle birlikte, ahlaki yükümlülükler, tarihsel miras ve toplumsal kuralları hakkında bilgiler içeren Talmut ve Nishrah gibi kutsal sayılan kaynaklara da sahiptirler. Din ve dünya ayrımının söz konusu olmadığı Tevrat'ta giyim biçiminden, ziraata, toplumun örgütlenmesine, hatta cüzzam hastalığı karşısında yapılacak işlere kadar her şey en ince detayına kadar ilahi yasalarla belirlenmiştir bu yasalar Yahudilerin din bilgini Rabbiler tarafından yoruma tabi tutularak daha da detaylandırılmıştır.[148]

---

[146] Francine Kaufmann, Josy Eisenbergl, *Yahudi Kaynaklarına Göre Yahudilik,* (Çev:. Mehmet Aydın), http://dergiler.ankara.edu.tr/dergiler/37/770/9794.pdf 268
[147] *Ana Britannica Ansiklopedisi*, İstanbul 1990, II, 257.
[148] Baki Adam, *Yahudilikte Din Kavramı ve Din Anlayışı*, Dinler Tarihi Yayınları, Ankara 2000, 133.

Yahudi öğretilerini ifade eden Tora, yazılı ve sözlü olmak üzere ikiye ayrılmakta ve Rabbânî çoğunluk itibariyle 'Sözlü Tora' çok daha önemlidir. Onlara göre, 'Sözlü Tora', vahiy eseridir ve o olmadan 'Yazılı Tora' anlaşılamaz.

Yahudilerin fıkıh kaynağı olarak nesilden nesle intikal eden, Tora'nın (Tevrat) tefsiri M.S. II. yüzyılda Yahuda Ha-Nasi tarafından 'Mişna' adıyla kitaplaştırılmıştır. Fakat bu, sözlü geleneğin bütünü değildir. Daha sonra hahamların çalışmalarıyla bütün sözlü gelenek bir araya getirilmiş ve 'Mişna'nın tefsiriyle (Gemara) birlikte 'Talmud'u oluşturmuştur.[149]

Yahudilikte, Yaratıcının hakimiyeti, mutlak, ebedi ve evrensel olmakla birlikte Hinduizm ve Budizm deki gibi doğaya içkin bir Tanrı inanışı yoktur. O, açık bir gaye için yarattığı kainattan tam olarak ayrılmıştır. Ancak İspanya'da M.S.1000'lerden itibaren ortaya çıkan Yahudi mistik düşüncesinin üçüncü evresi teosofik kabala döneminde, Klasik Yahudi inanışından farklı olarak, kainattan ayrı bir yaratıcı yerine doğayla hatta insanlıkla içkin bir yaratıcı modeli belirir. Bu dönemdeki 'Tanrı'nın ihtiyacını gidererek istenilen şeyi elde etme' (*tzorekh gavo'ah*) doktirini tanrısal iradenin mekanik bir yönü olduğunu kozmosun onun parçası olması gibi o da kozmosun bir parçası olduğunu savunur. Böylece kozmosun bağlı olduğu mekanik yasalar tanrı için de geçerlidir Tanrı kendini sefiralar aracılığıyla açar yine sefiraların onarılması ihtiyacını hisseder.[150]

Kutsal Kitap (Tevrat)'ta Tanrı'yı adlandırırken kullanılan 'Elohim' ismi tüm insanların anlayabileceği evrensel unsurları yansıtarak Tanrı'nın maddi evrenin yaratıcısı olduğu, doğaya hükmettiği ve yaşam kaynağı olduğunu anlatır.[151]

Yahudi geleneğinde önemli yer tutan ve Elohim ile insanlık arasında akdedilen İttifak'a göre (*Alliance*) göre dünyanın yaratılmasında ve düzeltilmesine Allah ile

---

[149] Süleyman Sayar, "Yahudi Karakteri, (Tarihî ve Sosyo-Psikolojik Bir Yaklaşım)", *Uludağ Üniversitesi İlâhiyat Fakültesi Dergisi*, 9(9), 2000, 9.

[150] Kürşat Demirci, "Yahudi Mistisizminin Temel Özellikleri ve Gelişimi", *İnsan ve Toplum Bilimleri Araştırmaları Dergisi*, *Journal of the Human and Social Science Researches*, 1(4), 2012, 7-18.

[151] Kaufmann - Eisenbergl, 273.

insan ortaktır, bu ittifakın alameti ise, gök kuşağıdır.[152] Yaratıcı, Nuh Tufanı'ndan sonra bir daha dünyanın böylesi büyük bir yıkımla cezalandırmayacağını ve bunu bir ahitle sabit kıldığını söylerken bu ahdi sadece insanlarla değil diğer canlılarla yapmış olduğunu dolayısıyla onları da insanlar kadar değerli tuttuğu Hz. Nuh'a hitabında görülmektedir.

"Ve Allah dedi: Benimle sizin ve ebedi devirlerce sizinle beraber olan her canlı mahlukun arasında yapmakta olduğum ahdin alameti şudur; yayımı buluta koydum ve benimle yerin arasında bir ahit alameti olacaktır... Ve benimle sizin ve yaşayan her beden sahibi mahlukun arasında olan akdimi hatırlayacağım, bütün beden sahiplerini yok etmek için sular artık yükselmeyecektir."[153]

Yahudi inanışında, Yaratıcı'nın eseri olan tabiata hassasiyetle yaklaşılması esastır. Tanrıyla yaptıkları ittifaka göre Yahudiler, yeminle Tora'ya itaati yüklenmekte; Cumartesi gününe, bayramlara ve yedi yılda bir toprağın dinlendirilmesi gibi zirai kanunlara titiz şekilde riayeti üstlenmektedirler.

Tabiatı yaratıcının harika bir eseri olarak gören ve tabii düzeni insanın üzerinde tutan ayetlerin sık sık işlendiği Kitab-ı Mukaddes'te Allah'ın emirlerine karşı gelen günahkar ve asilerin durumu hakkında bilgi verilmiş, doğanın sadece nimetlerinden yararlanıp refah içinde yaşamak üzere insanoğluna verilmediği, özellikle Sodom ve Gomore şehirlerinin ve "günah şehri" Babil'in tabii afetlerle yerle bir oluşunun anlatıldığı bablarda isterse yaratıcının onunla kötülerden öç alacağı ve tabiat kanunlarını iyiyi kötüden ayıran bir mizan gibi kullanacağından da bahsedilmektedir.

"Ve Rab Musa'ya dedi: Elini göğe doğru uzat, bütün Mısır diyarında insan üzerine ve hayvan üzerine ve Mısır diyarında olan kırın bütün otu üstüne dolu yağsın. Ve Musa değneğini göke doğru uzattı ve Rab gök gürlemeleri ile dolu gönderdi."[154]

---

[152] Tekvin, iX, 13; *Eski ve Yeni Ahit*, Kitab-ı Mukaddes Yayınevi, İstanbul 1997.
[153] Tekvin 9: 8-17
[154] Çıkış IX, 22, *Kitabı Mukaddes Tevrat-ı Şerif*, İstanbul Matbaacılık, İstanbul 1972.

### 3.1.2. Kutsal Günler ve Çevresel Değerlerin Muhafazası

Yahudiliğin çevre anlayışını Dünya Musevi Kongresi Başkan Yardımcısı Rabbi Arthur Hertzberg, insanlığın hayata karşı sorumluluğundan ve onu korumanın bir ödev olduğundan bahsederek bu konuda çevre eğitiminin önemli olduğunu ifade eder.[155]

Çevre eğitiminin asıl amacı çevre sorunlarının asıl nedeni olan 'yanlış' dünya görüşü yerine 'doğru' ve ekolojik dünya görüşünü aşılamak olmalıdır. İlkel animistik dinler ve dinsel mistik gelenekler arasındaki yakınlık göz önünde tutulduğunda birtakım dinsel ritüellerin çevre eğitiminde önemli bir yeri olduğu söylenebilir. Dinsel törenler insanın etkinliğini doğa yasalarıyla uyum içinde sürdürmenin bir yolu olarak insanın kozmik dünyayla bağlantısını kurması açısından önemlidir.[156]

Diğer ilahi dinlerde olduğu gibi Yahudilikte de insanın doğayla yakınlaşmasını sağlayan dini ritüelleri içeren bir takım kutsal günler ve dini ritüeller vardır. Yahudilikte de kutsal günlerde, inananlar nefislerini yenmek için oruç tutarak, yaratıcıya hamd etmektedirler.

Zirai kutlamalara dayanan ve ilkbahar, sonbahar ve yaz dönemlerine denk gelen Yahudi bayramlarının yanısıra, Yahudilerce haftanın en kutsal günü kabul edilen Cumartesi (*Şabat*) günü, On Emir'de iki ayrı gerekçeyle kutsal sayılır. Bunlardan birincisi Tanrı'nın dünyayı altı günde yaratıp yedinci günde dinlenmiş olması, diğeri ise Tanrı'nın İsrailoğullarını Mısır'daki kölelik evinden kurtarmış olmasıdır. On Emir'de bu günde iş yapmanın yasak olduğu ifade edilir. Bu günde manevi yenilenme ve dünyayı Tanrının yarattığı gibi bırakıp tabiatın işleyişine müdahale etmeme ilkesi gereğince, toplam otuz dokuz sınıf işten uzak durulmaktadır. Yahudi anlayışına göre gün, güneşin batışıyla başladığı için, Cuma günü akşam güneşin

---

155 http://www.academia.edu/5666766/dunya_denen_bu_evde_yalnız_degılız-ozdemır_mulakat., Erişim Tarihi: 12.05.2014

156 Ünder, *Çevre Felsefesi*, 269.

batışından Cumartesi günü güneşin batışına kadar söz konusu işleri yapmak yasaktır."[157]

Tevrat' da İncil'de olduğu gibi insan Tanrı'nın evrendeki kahyası (*steward*) olarak görülür. Bereşitlerde:

"Tanrı dünyayı yaratmış ve Adam'ı Cennet Bahçesine yerleştirmiştir. Ondan Gan Eden'e iyi bakmasını ve onu işlemesini istemiştir (Bereşit 2: 15-16).[158] Yani dünyayı daha iyiye götürecek işler yapmasını." denilerek bu emanetçiliğe vurguda bulunulmuştur.

### 3.1.3. Tevrat-Tabiat ve İnsan

Ahdi Atik, (Eski Ahit) olarak da bilinen Tevrat, tek Tanrılı dinlerin kaynakları içerisinde bilinen ilk kaynak olması bakımından, kendisinden sonraki, kutsal kitaplarda yer alan temel konularda da bilgiler içermektedir. Bunlar içerisinde insan-tabiat ilişkileri de bulunmakta, özellikle Eski Ahit'i de kendi kitapları olarak kabul eden Hristiyan inancıyla bu yönde büyük bir benzerliğe sahip bulunmaktadır.

Tanrı tarafından indirildiğine inanılan Tevrat, Tanrı sözü ve vahyin en mükemmel biçimi, dolayısıyla Yahudi Kutsal Kitap literatürü içindeki en önemli bölüm olarak kabul edilmektedir. Tanrı ile İsrailoğulları arasındaki ahdin belgesi ve teminatı durumundaki Tevrat'ın, dünya yaratılmadan önce mevcut olduğu ve kainatın yaratılışına rehberlik ettiği, tabiattaki her şeyin kendisine dayandığı kabul edilmektedir.[159]

Yahudi inanışında zaman kutsallaşmıştır. Bir takım imtiyazlı vakitleri, haftaları ve mevsimleri göstermişlerdir. Yedinci gün, 'Cumartesi' (*şabat*) dır. İnsan, karısı, çocukları, köleleri, hayvanları, o gün kendilerini istirahata vermek için hiç iş yapmayacaklardır. Bayramlarda kainatla ve tarihle ilgili büyük olaylar ve mevsimler kutlanmaktadır. Böylece bayramlar, istirahat ve sevinç günleridir. Onlar, tamamlayıcı

[157] Ali Erbaş, *Yaşayan Dünya Dinleri,* 166-167.
[158] *Tora'nın Düşündürdükleri,* Erişim Tarihi: 05.06.2014, http://www.sevivon.com/index.php?option=com_content&task=blogcategory&id=98&Itemid=65.,
[159] Ali Erbaş, *Yaşayan Dünya Dinleri,* 146.

birtakım kutsallıklara neden olmaktadır. Çünkü her gün, kahinler (*cohanim*), İsrail'in hataları için, kefaret kurbanları takdim etmektedirler.[160] Yahudilikte yedi kollu şamdanı ifade eden menorah, evrendeki doğal olay ve olguları, kainatın yedi günde yaratılışını, merkezdeki ok ise Cumartesi gününü sembolize etmektedir. Yedi kol, Tanrı'nın Işığın tarafından rehberlik edilen yeryüzünün yedi kıtasını ve yedi kat gökyüzünü temsil etmektedir. Ayrıca menorahın yedi gezegeni, ebedî ışığı ve haftanın yedi gününü simgelediği ifade edilmektedir.[161]

Tevrat'ta tabiat tasvirleri özellikle Tekvin (Yaradılış) bölümünde önemli yer almaktadır. I. Bab, II. Ayette "Tanrı ilk önce gökleri ve yeri yarattı, yer tenha ve boş idi. Boşluğu karanlıklar kaplamaktaydı. Sular üzerinde ise Tanrı'nın Ruhu hareket etmekteydi."[162] denilmektedir. Bu ayette, "Tanrı'nın Ruhu'nun sular üzerinde hareket etmesi", Hindu düşüncesinde, Tanrı'nın ruhunun hava, toprak, su gibi cevherler üzerinde hareket etmesi inanışıyla benzerlik göstermesi bakımından ilgi çekicidir.

Birinci Bab'da, Yaradılış kıssasında sırasıyla, insanlara nice faydalar sağlayacak olan tohumların, sebze ve ağaçları içinde barındıran toprağın yaradılışı ve ardından hayat kaynağı da güneşin ve hayvanlar aleminin yaradılışı üzerinde durulmuştur.

Tekvin, 24-31 Bablarda "Tanrı dedi, işte kendisinde ağaç meyvesi olup, tohum veren bir ağacı size verdim, size yiyecek olacaktır. Yerin bütün vahşi hayvanlarına, göğün bütün kuşlarına kendisinde hayat nefesi olup, yeryüzünde sürünen, her şeye bütün yeşil otu yiyecek olarak verdim."[163] Bu lütuflara karşılık Yahudilerin, Tanrı'ya olan şükürleri de yine doğa motifleriyle süslüdür. "Onlar; tabiat güzelliklerini gördüklerinde, denizi, çiçeklerin açışını gördüklerinde, ağaçlara bakarken ve mevsimin ilk meyvesini tadarken, Yaratıcıya hamd ederler."[164] Bu hamd edişi sürekli kılmak için Tevrat'ın bir çok yerinde İsrailoğullarına, Mısır'da nasıl hâkir bir şekilde çıkarıldıkları hatırlatılarak ve bununla onlara mütevazi ve israfa kaçmayan bir hayat

[160] Kaufmann – Eisenbergl, 273.
[161] Galip Atasağun, "Yahudilikte Dini Sembol ve Kavramlar", *Selçuk Üniversitesi İlahiyat Fakültesi Dergisi,* Sayı: 9, Konya 2001, 132.
[162] *Kitab-ı Mukaddes*, Tekvin, I-II.
[163] Tekvin, 24-31
[164] Aubrey Rose, *Yahudilik ve Ekoloji*, (Çev.: Mehmet Demirhan), İGDAŞ Yayınları, İstanbul 1992, 24.

sürmeleri öğütlenmiştir. Yılın belli dönemlerinde mayasız ekmek yeme alışkanlığı, ziraatçilerin bağlarına iki çeşit tohum ekmelerinin men edilmesi bu eğilimi desteklemektedir.

Tekvin Bölümü'nde tabiat unsurlarının insandan evvel yaratıldığı şu şekilde ifade edilir:

"Ve Allah dedi: Gök Altındaki sular bir yere biriksin ve kuru toprak görünsün; ve böyle oldu. Ve Allah kuru toprağa Yer dedi; ve suların birikintisine Denizler dedi... Ve Allah dedi: Yer, ot, tohum veren sebze, ve yeryüzünde tohumu kendisinden olup cinslerine göre meyve veren ağaçlar çıkardı."[165] "Ve Allah dedi: Sular canlı mahlukların sürüleri ile kaynaşsın ve yerin üstünde ve gökler kubbesinin üstünde kuşlar uçsunlar... Ve Allah: Semereli olun ve çoğalın ve denizlerde suları doldurun ve karada kuşlar çoğalsın diyerek onları mübarek kıldı."[166]

Görüldüğü gibi Tevrat'a göre diğer canlılar insandan evvel yaratılmış ve insandan evvel kutsanmıştır. Adem yaratıldıktan sonra ise onu Aden bahçesinde yaşamakla mükafatlandırdığı gibi ayrıca ona bakmak ve doğayı korumakla da mükellef kıldığını aşağıda ayette açıkça anlaşılmaktadır.

"Ve henüz yerde bir kır fidanı yoktu ve bir kır otu henüz bitmemişti. Çünkü Rab Allah yerin üzerine yağmur yağdırmamıştı ve toprağı işlemek için adamı yoktu ve yerden buğu yükseldi bütün toprağı suladı. Ve Rab Allah yerin toprağından Adamı yaptı ve onun burnuna hayat nefesini üfledi ve adam yaşayan can oldu. Ve Rab Allah şarka doğru Aden'de bir bahçe dikti ve Adamı oraya koydu. Ve Rab Allah görünüşü güzel yenilmesi iyi olan her ağacı ve bahçenin ortasına da hayat ağacını, iyilik ve kötülüğü bilme ağacını yerden bitirdi. Ve Rab Allah, baksın ve onu korusun diye adamı aldı oraya (Aden bahçesine) koydu."[167]

Eski Ahitte yer alan Hz. Eyüb'e ait kıssanın anlatıldığı bölümünde, Hz. Eyüb'ün hastalığından dolayı kendisine sitemde bulunmasını Rab azarla karşılamakta ve Hz.

---

[165] Tekvin, I/9.
[166] Tekvin, I/22.
[167] Tekvin, II/15.

Eyüb'ün şahsında tüm insanlığı tabiat nizamıyla uyarır ve çeşitli hikmetlerden örnekler vererek onun azametli tabiatın sadece bir parçası olduğunu en küçük bir doğal olaya bile müdahil olamadığını hatırlatmaktadır.

"Karın hazinelerine girdin mi? Ve dolunun hazinelerini gördün mü?[168]

Yağmurun seli için arkı, yıldırım için de yolu kim açtı? Ta ki insansız yerin üzerine, İçinde adam bulunmayan çöl üzerine yağdırsın; Çölü ve ıssız yeri doyursun. Ve taze bitirsin.

Yağmurun babası var mı?

Yahut çiğ damlalarının babası kim?[169]

"Kargaya avını kim hazırlıyor? Yavruları Allah'ı imdada çağırdıkları zaman,

Ve yiyecek olmadığı zaman dolaşmaktalarken?[170]

"Dağ keçilerinin doğurduğu vakti bilir misin?

Geyiklerin yavruladığı zamanı sen mi bekliyorsun."[171]

Bu bablarda olduğu gibi 'Derin Ekoloji' ve diğer radikal ekoloji akımlarında özellikle Hristiyanlık ve Yahudilik dinlerine getirdiği insanmerkezci (*antroposentrik*) ve ben merkezci (*egosantrik*) eleştirilerine karşın diğer bir çok ayette canlımerkezci (*biocentric*) bir yaklaşım olduğu yadsınamaz.

Yine Kitab-ı Mukaddes'te Hz. Musa'nın çobanlık yaptığını, tabiatla iç içe iken Rabbinden vahiy aldığını ve birçok ayetin dağ, toprak gibi tabiat tasvirleriyle dolu olduğunu görmekteyiz;

"Musa, (*Moşe*) kaynatası Midyan kâhini Yetro'nun sürüsünü güdüyordu ve sürüyü çölün arkasına götürdü ve Allah'ın, (*Yehova*) dağına Horeb'e geldi.

Ve Rabbin meleği bir çalı ortasında ateş alevinde ona göründü; ve gördü, ve işte çalı ateşle yanıyor ve çalı tükenmiyordu.

---

[168] *Kitabı Mukaddes Tevrat-ı Şerif,* İstanbul Matbaacılık, İstanbul 1972, Eyub 38, 22.
[169] Eyub, 38/25-26-27-28.
[170] Eyub, 38/41.
[171] Eyub, 39/1.

Ve Musa dedi: Şimdi döneyim ve bu büyük manzarayı göreyim, çalı niçin yanıp tükenmiyor.

Ve görmek için döndüğünü Rab görünce, Allah (Yehova) Ona çalının ortasından çağırıp dedi; Musa, Musa! ve O: İşte ben, dedi.

Ve dedi: Buraya yaklaşma; çarıklarını ayaklarından çıkar, çünkü üzerinde durduğun yer mukkaddes topraktır."[172]

"Ve Rab Harun'a dedi: Musa'yı karşılamak için çöle git. Ve gidip Allah'ın (*Yehova'nın*) dağında ona rast geldi ve onu öptü." [173]

Musa'nın ayak bastığı toprağın kutsallığına (*arz-ı mevud*) Kur'an-ı Kerim'de şöyle değinilir:

"Kendisine Tûr dağında vahiy gelen Hz. Musa'ya ve yakın bir yerde olan Vâdi Tuva vardı. Burada Hz. Musa ile Allah arasında konuşma oldu. Bu olay Kur'an-ı Kerim'de şöyle geçer:

"Ey Musa! Kuşku yok ki ben senin Rabbinim. Hemen ayaklarını çıkar. Çünkü sen kutsal vadi Tuva'dasın. Ben seni (Peygamber olarak) seçtim. Şimdi vahyolunacak şeyleri dinle.[174]

Tevrat'ın vahyedildiği Tur Dağı'nın tabiat güzellikleri Kur'an-ı Kerim'de birçok yerde övülür.

"Yüce Tanrı Tur Dağını "Gölgelik gibi vermiş,[175] "Tur Dağını yükseltmiş"[176].

Ecer'e göre; Tur Dağının yükseltilmesinden maksat insanların ondan faydalanmalarıdır, çünkü dağlarda kırmızı, beyaz ve siyah renklerde tabakalar (madenler) vardır.[177]

Ayrıca Kur'an-ı Kerim'de, Allah, Türisina'ya yemin eder[178], Allah Hz. Musa'ya dağın sağ tarafından seslenir.[179] Türisina'da yetişen meyveler methedilir[180], bal

---

[172] Çıkış, 3/1,2,3,4,5.
[173] Çıkış, 4/27.
[174] Ta Ha: 10/12-13.
[175] A'raf: 7/171.
[176] Bakara: 2/ 63.
[177] Fatır: 35/27.

arılarına dağlarda yuvalanmaları ve dağlardaki çiçeklerden bal yapmaları tavsiye edilir[181], dağlardan evler yapılır.[182]

Yahudiler, İbranice "bilgi" yahud "ikinci kanun" (*Second Law*) anlamına gelen Mişna'nın da Tevrat gibi Hz. Musa'ya Tur 'da indirildiğine inanırlar. İşaya 49. Babda, Rab Yakub'a hitaben İsrailoğullarını kurtarış gününde tabiatın da onların yanında olacağını bildirir:

"Acıkmayacaklar, susamayacaklar, sıcak ve güneş onlara vurmayacak."[183]

Ahdi Atik'de "Vaiz Bölümü Birinci Bap'' Yeruşalim'de kral olan Davut'un oğlunun çarpıcı sözleriyle başlar. Vaiz babları dünya hayatının önemsizliğinden bahsederek başlar ve doğal nizamın insanlık olsa da olmasa da devam edeceğini anlatır:

"Boşların boşu, Vaiz diyor boşların boşu, herşey boş. Güneş altından çektiği bütün kazancı nedir? Bir nesil gidiyor ve bir nesil geliyor; fakat dünya ebediyen duruyor. Güneş doğuyor ve güneş batıyor, ve yerine doğduğu yere koşuyor. Yel cenuba gidiyor ve şimale dönüyor. Bütün ırmaklar denizin içine akıyor ve deniz dolmuyor."[184]

### 3.1.4. Mezmurlarda Doğanın Hamdi

Kitab-ı Mukaddeste, ayrı bir bölüm olarak düzenlenen, Mezmurlarda insan kadar tabiatın diğer varlıklarını da içine alan bir yaklaşım mevcuttur.

Davud'un Hamdiyesi olarak geçen 147. mezmurda, "Rabbe Hamdedin, çünkü Onu terennüm etmek iyidir. O Allah ki bulutlarla gökler kaplar, yer için yağmur yağdırır. Dağlarda ot bitirir. Hayvanlara, çağrışan larva yavrularına, yiyeceklerini

---

[178] et-Tur: 42/1.
[179] Meryem: 29/52; Tâ-Hâ: 20/80.
[180] Mü'minun: 22/20
[181] Nahl: 26/68-69.
[182] Nahl: 26/81; A. Vehbi Ecer, http://www.kayder.org.tr/sizdengelenler1.pdf., Erişim Tarihi: 06.05.2014
[183] İşaya, 49.
[184] Vahiy, 1-7.

verir"[185] ifadesiyle sadece insanları değil, diğer canlı ve cansız varlıkları da gözeten, ihtiyaçlarını karşılayan bir Tanrı tasavvur edilmiştir. Çünkü Tanrı sadece insanın değil, bütün evrenin Rabbi'dir. Ve eğer Rab canlı ve cansız diğer varlıkları da bu denli koruyor ve kolluyorsa, onlarda insanlar gibi hamd etmelidirler.

"Ey Güneş ve Ay O'na hamdedin, Ey bütün nur Yıldızları O'na hamdedin, Ey göklerin gökleri; Ve göklerin üstündeki sular O'na hamdedin."[186]

Kitab-ı Mukaddes'de Tekvin bölümünde, 'tüm canlı ve cansız varlıklara hakim bir insan'dan bahsedilerek, kendi çıkarları doğrultusunda, doğayı tahrip etme hakkını kendinde gören yaklaşıma karşılık bazı Yahudi alimleri, insanların cehaletlerinden dolayı yeryüzündeki hakimiyetlerini Tanrı'nın semadaki hakimiyetine benzetme hatasına düştüklerini ifade etmektedirler. İnsana bu tür bir yetkinin verilmiş olması onu dünyada bir vekil yapmaktan öte bir anlam taşımamaktadır.

Mistik inanışlarda olduğu kadar doğayla içkin bir Tanrı'dan bahsedilemese de Mezmurlar'da yaratıcının kudreti ve ihtişamını anlatmak için sık sık doğal betimlemelerden yararlanılmıştır:

Ya Rabbimiz Yehova, Bütün yeryüzünde ismin ne azametlidir!
Göklerini, ellerinin işlerini, [187]
Koyduğun ay ve yıldızları görünce dedim:
İnsan nedir ki sen onu anasın?
Ademoğlu nedir ki sen onu arayasın?[188]

Rabbin sesi sular üstündedir; İzzet Allah'ı gürlüyor; Rab sular üstündedir. Rabbin sesi kuvvetlidir. Rabbin sesi haşmetlidir.[189]

Rabbin sesi erz ağaçlarını kırar, sesi çölü sarsar, Rab, Kadeş Çölü'nü sarsar. Rabbin sesi geyikleri doğurtur. Ve ormanların libasını soyar.[190]

---

[185] Mezmur: 147/1-8.
[186] Mezmur: 148/3-4.
[187] Mezmur: 8/1.
[188] Mezmur, 8/3-4.
[189] Mezmur, 29,3-4.
[190] Mezmur, 8,8-9.

### 3.1.5. Toprağın Ayrıcalığı

Kitab-ı Mukaddeste emredilmiş olan ve Yahudi toplumunda gelenek halini almış bulunan bayramların çoğunun zirai nitelikte olması, toprağa verilen değeri göstermesi açısından önemlidir. Bu yönde dini açıdan yeri inkar edilemeyecek derecede önemli olmakla beraber, yüzyıllardır yarı sürgün bir hayata mahkum edilen Yahudi toplumunda toprağa verilen değerin diğer bir önemli nedeni de, tüm bu sürgün yaşamın beraberinde getirmiş olduğu yokluk ve acıların izlerinin henüz daha silinememiş olmasıdır.

İşte Yahudi Geleneğinde bu denli önemli olan toprak "canlı gibi tasavvur edilmekte ve onunda dinlenmeye ihtiyacı olduğu düşüncesinden hareketle, güneş ve şebneme doyması için altı yılda bir dinlenmeye bırakılmaktadır."[191]

"Mademki İsrail'in toprağı kutsaldır (*Kadoeh*) öyleyse onun mahsulleri, özel kurallara tabidir. Torah tarafından konmuş olan kuralların çoğu, esas olarak temiz ile pisi, kutsalla kutsal olmayanı ayırma hedefini güder"[192]

Altı bölümden meydana gelen Mişna'nın Sedarim yani hükümler (*orders*) adı verilen bölümlerinin ilkini "Tohumlar" kısmının oluşturması bu inanışta, Yaratıcının eserine hürmet gösterilmesinin önemini gözle önüne serer. Zeraim (Tohumlar) kısmı ise,

1- Beraehoth, 2- Peah, 3- Demai, 4- Kılayim5- Shebiith, 6- Terumoth, 7-. Maaseroth; 8- Maaser sheni, 9- .Hallah, 10- Orlah,- 11- Bikkurim olarak tanımlanan ve zirai usulleri ihtiva eden on bir risaleden teşekkül etmiştir.[193] Bu risalelerde Yaratıcının toprak ve mahsuller üzerindeki hakkı, toprağın dinlendirilmesi, tabiatla uyumlu üretim ve tüketime dair usuller ve emirler ele alınır.

"Ve toprağını altı yıl ekeceksin ve mahsulünü toplayacaksın fakat yedinci yıl onu rahat ve boş bırakacaksın, ta ki kavminin fakirleri yesin ve onların bıraktıklarını

---

191 Rose, 76.
192 Kaufmann - Eisenbergl, 273.
193 Zafer İslam Ran, *Talmud'un Doguşu ve Yahudiler Üzerindeki Tesiri*, Erişim Tarihi: 18.05.2014, http://dergiler.ankara.edu.tr/dergiler/37/771/9809.pdf 141.

da kır hayvanları yerler. Bağın ve zeytinliğin hakkında da böyle yapacaksın. Altı gün kendi işlerini yapacaksın ve yedinci günde öküzün eşeğin rahat etsinler cariyenin oğlu ve garip dinlensinler diye istirahat edeceksin."[194]

Bu babda hem toprağın dinlenerek bereketlenmesi, yabani hayvanların rızkının sağlanması ve ayrıca tarım işlerinde çalıştırılan hayvanların dinlendirilmesi salıklanmıştır.

"Ve ne zaman diyara girerseniz ve yiyecek için her çeşit ağaç dikerseniz o zaman onların meyvesini sünnetsizlikleri sayacaksınız; sizin için üç yıl sünnetsiz olacaklar, yenilmeyeceklerdir. Fakat dördüncü yılda Rabbe hamd etmek için bütün meyvesi mukaddes olacaktır ve beşinci yılda size mahsulünü artırsın diye meyvesini yiyeceksiniz"[195]

Tevrat'ta yer alan bu ayetle asırlar öncesinden günümüzde kullanılan ziraat ve bahçecilik usulleri veciz ve akılcı bir şekilde insanlara aktarılmıştır.

İnsanlığın kendinden sonrakine bırakılacak en büyük mirası ağaçlar ve yemyeşil bir doğa olacaktır. Dünyanın her tarafında var olan ormanlar ve yeşil alanlar yakılıp tahrip edilirken, kesilen ağaçların yerine fidan dikilmesi ve toprağın belli dönemlerde dinlenmeye bırakılması gerekirken gidişat tam tersi yönde işlemektedir. Oysa çorak ve verimsiz olan İsrail, 1905'ten bu yana sistemle ve yasal maddelerle bağlanmış olarak yürütülen ağaç dikme, yeşillendirme, ormanları çoğaltma ve koruma vakfı olan Keren Kayamet Leisrale'in eşgüdümünde *(Yahudi Ulusal Vakfı*) yemyeşil ve orman zengini bir ülke haline getirilmiştir.[196] Ayrıca, Hasat Bayramı olarak da geçen "Çardak Bayramı" ve çocuklarca kutlanan "Ağaç Bayramı" yine ağaç ve tabiatla bağlantılı olan Yahudi Bayramları"dır.

---

[194] Çıkış Bap: 123-,10-12
[195] Levililer Bap: 19,23-25
[196] *Dört Element*, Erişim Tarihi: 19.06.2014, http://www.sevivon.com/index.php?option=com_content&task=view&id=1168&Itemid=39#Content.,

### 3.1.6. Tevrat'ta Hayvan Hakları

Yahudi inanışında Hz Musa'nın hayatının bir döneminde çobanlık yapmış olması ve Tevrat'ta "Kim mahlûkata karşı merhametliyse, babamız İbrahim'in neslindedir" ayeti gibi birçok ayette hayvanlara karşı merhametli olmayı öğütleyen bölümlere rastlanması, Yahudi geleneğinde hayvan haklarına riayet edilmesi konusunda bir hassasiyet oluşmasına sebep olmuştur.

"Ve Allah, Nuh'a ve kendisiyle beraber oğullarına söyleyerek dedi: Ve ben, işte ben sizinle ve sizden sonra zürriyetinizle ve sizinle beraber olan her canlı mahlûkla, gemiden çıkanların hepsinden bütün yerin hayvanlarına kadar, sizinle beraber olan kuşlar, sığırlar ve bütün yerin hayvanları ile ahdimi sabit kılıyorum. Ve ahdimi sizinle sabit kılacağım."[197] ayeti ile sadece insanlarla değil hayvanlarla da ahit yapıldığı ifade edilmektedir.

Kitab-ı Mukaddes'te yer alan Nuh Kıssası'nda, "Ve seninle beraber sağ kalması için her yaşayandan, her neviden (erkek ve dişi olarak) ikişer getireceksin"[198] denilmiş, Tanrı'nın tüm yarattıklarını himaye ettiği dile getirilmiştir. Ayrıca, yeni doğmuş bir hayvanın yedi gün annesiyle kalması gerektiği ve bir diğerinin ölümüne şahit olmasın diye bir hayvan ile bir yavrunun aynı günde boğazlanmasının yasak olduğu[199] belirtilmiştir.

Bunlara ek olarak birçok Yahudi aliminin vejetaryenlığı tercih etmesi, gereksiz yere avlanmanın yasaklanması ve hayvanların da haftanın bir günü istirahat etmesinin öğütlenmesi Yahudi inanışının özünde diğer dinlerde olduğu gibi hayvan haklarına verilen önemi göstermektedir. "Yahudi Literatüründe hayvanların acı ve eziyet çekmesini önlemek hakkında çok şeyler yazılmıştır. Dolayısıyla boğa, köpek, horoz döğüşleri ve tilki ya da eğlence maksatlı avlanma dindar Yahudi için kerih işlerdir."[200]

---

[197] Tekvin 9: 8
[198] Tekvin, 6: 15-22.
[199] Rose, 45
[200] Rose, 95

Yahudi geleneğinde önemli bir yeri olan Koşer yasalarına Yahudiler titizlikle uymaktadırlar. Bu yasalar insanın beslenirken sağlığına önem göstermesini öğütlerler.

Hezekiel peygamber, gençliğinden itibaren leş ve hayvanın parçaladığı mekruh et yiyerek kendi canını asla kirletmediğini söyler.[201]Tevrat'taki emir ve yasakların sayısı 613'tür. Bunlardan bir yılın günleri (*veya insan vücudundaki kasların*) sayısına eşit olan 365'inin yasaklar (*haramlar*); insan vücudundaki kemiklerin sayısına eşit olan 248'inin de emirler (*helaller*) ile ilgili olduğuna inanılmaktadır. Bunlar içerisinde "Kosher Yasaları" ile ilgili olanların sayısı ise 272'dir. Dikildikten sonra ilk üç yıl boyunca meyve ağacının meyvesinin yenilmemesi dışında, "Kosher Yasaları" sadece hayvansal gıdalarla alakalıdır.

Yahudilik'te hayvan haklarının düzenlenmesiyle beraber özellikle İslamiyet'teki helal kavramında olduğu gibi, Yahudi Kosher hukukunun temelini teşkil eden Tevrat'a göre, tüketilmesi haram olan hayvanlar da belirtilmiştir Örneğin deniz canlılarından yalnızca pullu ve kanatlı (yüzgeçli) balıkların tüketilmesi gerektiği pulsuz ve kanatsız balıklar ile kabuklu deniz ürünlerinin tüketiminin yasaklandığı[202] ayetlerinde açıklanmaktadır:

"Sularda olanların hepsinden şunları yiyebilirsiniz: Sularda, denizlerde ve ırmaklarda kanatlı ve pullu olanların hepsini yiyebilirsiniz.

Ve sularda hareket edenlerin hepsinden, sularda olan canlı mahlukların hepsinden, denizlerde ve ırmaklarda bütün kanatsız ve pulsuz olanlar sizin için mekruhtur ve sizin için mekruh olacaktır. Onların etinden olmayanların hepsi sizin için mekruhtur.''[203]

Dini emir ve yasakların sebebi, haram sayılan hayvanların aşağılanması olarak telakki edilmemelidir. Koşer yasaları, Tanrı bu şekilde istediği için uygulanmakta

---

201 Kurt, 109.

202 Tevrat/Levililer 11/9-12

203 Recep Çiğdem, "Yahudi ve İslâm Hukukunda Su Ürünlerinin Tüketilmesi", *Acta Turcica*, Yıl: 1, Sayı: 1, Ocak 2009, *Çevrimiçi Tematik Türkoloji Dergisi*, Online Thematic Journal of Turkic Studies, Erişim Tarihi: 17.04.2014, www.actaturcica.com.

olup, inanç dışında, sağlık veya başka herhangi bir nedene bağlanmamalıdır. Örneğin Midraş'ta, "bir kimse domuz etini sevmiyorum demesin'; aksine 'onu seviyorum, ancak Tevrat'ta onun yasakladığını gördükten sonra ne yapabilirim?' desin." şeklinde buna vurgu yapılmıştır.[204]

Tevrat Çıkış kısmı 23. Bap'da;

"Eğer düşmanının kaybolan öküzüne yahut eşeğine rastlarsan, mutlaka onu kendisine geri getireceksin. Eğer senden nefret edenin eşeğini yükü altında çökmüş görürsen onu (*kendi*) haline bırakmaktan çekineceksin; kendisi ile beraber mutlaka onu kurtaracaksın.''[205]

Kitab-ı Mukaddes'te Süleyman'ın Meselleri bölümünde hayvanların çeşitli özellikleri övülmüş ve hayranlıkla anılmıştır.

"Dünyada dört küçük şey vardır,
Fakat onlar çok hikmetlidir:
Karıncalar, kuvvetli olmayan bir kavmdır,
Fakat yiyeceklerini yazın hazırlarlar.
Kaya porsukları kuvvetsiz bir kavmdır,
Fakat evlerini kayada yaparlar,
Çekirgelerin kralı yoktur,
Fakat hepsi bölük bölük çıkarlar;
Kertenkele elleri ile duvara yapışır
Fakat kralların saraylarında bulunur.''[206]

"Yürüyüşü güzel olan üç şey var,
Ve gidişı güzel olan dört şey var,
Hayvanların en zorlusu
Ve hiçbirinin önünde geri dönmeyen aslan;
Tazı ve teke,
Kavmının önünde yürüyen kral."[207]

---

[204] Kurt, 56.
[205] Çıkış, 23, 4-5.
[206] Süleymanın Meselleri 30, 24-28.

Ayrıca Yahudilikte İslam dinindeki gibi hayvan kesimi yapılırken hayvana eziyet verilmemesi kuralı vardır. Buna göre dini olarak hayvan kesimi işi olan "şehita" ile ilgilenen "şohet" ler özel olarak yetiştirilmektedir.

Tevrat'ta Tesniye 12/21 de geçen; "Rabbin sana verdiği sığırlardan ve sürülerinden sana emrettiğim gibi boğazlayacaksınız" şeklindeki emre riayetle koşer olan hayvanların, din kurallara (*alaha*) uygun olarak kesilmesi işini yapan kişinin, Rabbinik bir kurumca yetkilendirilmesi ve denetçi önünde sertifikasını almadan önce en az üç kez bunu icra etmesi gerekmektedir. Şehita'nın amacı, hayvanlara zulmetmeyi engellemektir.[208]

## 3.2. HRİSTİYANLIK

Hristiyanlık mensuplarının sayısı bakımından, dünyanın en büyük dinlerinden birisi olup Filistin bölgesinde ortaya çıkmış İsa merkezli dine inananların oluşturduğu bir dindir.

Önceleri Hz.İsa'ya bağlı olanlara, kardeşler, ermişler veya inananlar denilmişken Hristiyanlık kelimesi M.S.60 yılından itibaren yaygın olarak kullanılmaya başlanmıştır. Ancak bu kelime, tarih boyunca mütecanis bir topluluğa ad olmamıştır. XVI. yüzyıldan itibaren, 'Ortodoksluk', 'Katoliklik' ve 'Protestanlık' kavramları 'Hıristiyanlık' kavramından daha çok kullanılmaya başlanmıştır. Bu kavramlar, çoğu zaman, Hıristiyan mezheplerini ifade etmek için kullanılmıştır. Bazen de Ortodoks dini, Katolik dini, Protestan dini şeklinde, mezhep adları sanki ayrı birer dini ifade ediyormuş gibi kullanılmıştır.[209]

Filistin'de Yahudi toplulukları içinde, dinsel bir akım olarak doğan Hristiyanlık dininde, insanlar arasında sevgi ve barış yayması misyon edinen Hz.İsa'nın, Eski Ahit'te sözü edilen Yahudileri kurtaracak olan Mesih olduğuna inanılır.

---

[207] Süleymanın Meselleri 30, 29-31.
[208] Kurt, s. 109.
[209] Ahmet Hikmet Eroglu, *Hıristiyanların Bölünme Sürecine Genel Bir Bakış*, http://dergiler.ankara.edu.tr/dergiler/37/751/9612.pdf., 311 25.06.2014

Üçlü bir Tanrı (teslis) inancına sahip olan Hristiyanlık dinine göre, Baba Tanrı, insanlığı kurtarmak, günahtan arındırmak için kendini feda eden Oğul Tanrı ve sınırsız, mükemmel sevginin kaynağı olup, insanların eylemlerine kılavuzluk eden Kutsal Ruh, tek Tanrı'nın kişiliğinde birleşirler.[210]

### 3.2.1. Hristiyan Etiği ve Doğal Yaşam

Yerçekimi teorisini bulan ve Aydınlanma Çağı'nın en büyük bilim insanı ve düşünürlerinden biri olan İsaac Newton bilimle ilgilendiği kadar doğanın ihtişamlı yapısına her zaman büyük bir hayranlık duyarak tabiattaki bu düzen ve intizamın muhakkak bir yaratıcının eseri olduğuna inanmış, ilahiyatla ve incil'le de yakından ilgilenmiş Hristiyan etik anlayışına ciddi kazanımlarda bulunmuştur. "Tanrı eserleri aracılığıyla bilinir" diyen Newton'a göre Tanrı'nın eseri olan İncil'den sonra diğer bir eseri doğadır.

Hristiyanlık'ın ilk büyük teologlarından Origen ise dünyanın içerisinde herkesin ve her şeyin mevcut olduğu Tanrı'nın gücü ve aklıyla bütünleşmiş bir ruh taşıyan muazzam yaşayan bir canlı olduğunu vurgulamış, ilk Hristiyan yazarlardan bazıları ise dünyanın yaşayan bir varlık, mukaddes ve bizim de bir parçası olduğumuz bir esrar olduğunu ifade etmişlerdir.[211]

İncil'i bu kadar kutsal gören ilk inananlarının etik anlayışa göre, Tanrı'nın en önemli eseri olan tabiata da aynı kutsallığı atfederek ona saygıyla yaklaşmaları oldukça doğaldır.

Hatta Aquinaslı Aziz Thomas, "Tanrının bilgisinin ancak doğadan yordanarak çıkarılacağı ve doğanın inancın alanı olduğunu"[212] savunmakla yüzyıllar sonrasında Hristiyan etik anlayışını muhteşem doğa tasarımının üzerine inşa eden Newton'a bir nevi rehberlik etmektedir. Doko'ya göre; "Newton, hayatı boyunca, Evren'e objektif bir biçimde baktığımız zaman tasarım göreceğimize ve bu tasarımdan Tanrı'yı

---

[210] *Temel Britannica*, Anadolu Yayıncılık, İstanbul 1993, 150.
[211] Palmer, Breuilly, 22
[212] *Ortaçağ*, Erişim Tarihi: 08.05.2014
http://www.baskent.edu.tr/~nesrins/courses/psk301/PSK301DERS3ORTACAG.pdf.,

bulacağımıza inanmıştır. Dolayısı ile Newton günümüz felsefecilerinin 'tasarım kanıtı' dedikleri 'Tanrı Varlık Kanıtı'nı savunmuştur.

Ancak Newton'a göre Tanrı Evren'deki yasaları yaratıp çekilmemiştir, hâlâ aktiftir ve Evren'e müdahale etmektedir. İncil'in gösterdiği de buydu. İncil, Evren'e devamlı müdahale eden, onu yöneten bir Tanrı'dan bahsediyordu ve bilim yasaları da aynı şeyi söylüyordu.''[213]

Bugün bu yaklaşıma destek veren Hristiyan bilim insanları da evrenin tasarımı karşısında hayrete düşmekte, büyük bir tasarımcının varlığından bahsedilebileceğini ifade etmektedirler. Onlara göre, doğanın kanunları ve değişmezleri o kadar iyi ayarlanmıştır ki evren, kasıtlı bir planlama ve zeka sonucunda ortaya çıkmıştır ve bu 'ince ayar' o kadar belirgin, ve bu 'tesadüfler' o kadar sayısızdır ki, birçok bilim insanı, evrenin insanlığı yaratmak uğruna kasıtlı ortaya konulduğunu ileri süren 'Antropik Esası' savunmaya başlamıştır. Antropik Esası kabul etmeyenler bile, 'ince-ayarı' itiraf etmekte ve evrenin şans eseri var olamayacak kadar mükemmel olduğunu belirtmektedirler.

Cambridge Üniversitesi Gözlemevi'nin yöneticilerinden Scania; doğa kanunlarının biraz olsun değişmesi ya da doğanın sabitlerinde birazcık oynama yapılması durumunda - bir elektronun yükü gibi - doğanın gelişiminin akıllı hayatların varolması noktasında imkansız hale geleceğini savunmaktadır. Oxford Üniversitesi, Matematik Enstitüsü'nden Deutsch, ise doğanın sabitlerden herhangi birinin, herhangi bir yöne çok ufak bir oranda kayması halinde, yıldızların, oluşumlarından sonraki bir milyon yıl içinde söneceğini, helyumdan ağır elementlerin hiçbir zaman oluşamayacağını ve buna bağlı olarak hayatın da var olamayacağını ifade etmektedir.[214] Evrenin bu eşsiz intizamının devam etmesi yönünde insanlığın bir çabası olmamakla birlikte bugün insanlık tabiatı harap etmek için elinden geleni yapmaktadır.

---

[213] Enis Doko, *Dâhi ve Dindar: Isaac Newton: Din ve Bilim İlişkisinde Konuşma Sırası Newton'da,* Genel Dağıtım İstanbul Yayınevi, İstanbul 2011, 18.
[214] *Evrenin İnce Ayarı,* Erişim Tarihi: 06.05.2014, http://www.sevivon.com/index.php?option=com_content&task=view&id=1168&Itemid=39#Content.,

Eski Ahit'te yer alan ve Hristiyan alimlerince kabul gören mezmurların birinde Davut, Yaratıcı'yı övmek için ihtişamlı doğa tasvirlerinden yararlanarak insanın bunlar karşısındaki acizliğini şu şekilde dile getirmektedir:

"Koyduğun ay ve yıldızları görünce dedim:

İnsan nedir ki sen onu anasın?

Ademoğlu nedir ki sen onu arayasın?"[215]

Bu mezmurdaki ifadeden anlaşılacağı gibi bilinen evrim sürecinde, ilkel insan doğa içinde ve doğa olaylarına karşı bütünüyle savunmasız, çaresiz ve yalnızdır. İnsan, yeryüzüne doğal korungaçları ile gelmediğinden doğaya uyumsuzdur böylece varlığını sürdürebilmesi için başlangıçta doğaya baş eğmiş ve çevresine uyum sağlamaya çalışmıştır. Göçebelik evresinde sınırlı ölçüde çevresini etkilemeye başlasa da doğayı denetlemekten uzaktır. Ancak yerleşik tarım toplumuna geçiş ile, neolotik çağın sonlarında kentlerin ortaya çıkışı ile insanın çevresini denetlemesi ve ona biçim vermesi mümkün olmuş, bilgi ve teknik birikimini artırarak doğayı daha fazla işleme ve çevreyi daha fazla etkilemeye ve denetlemeye başlamıştır.[216]

19. yüzyıla gelindiğinde Newton'un büyük bir iyimserlikle söylediği gibi, doğaya artık sadece Tanrı müdahale etmiyordu, onun yaptığının tersine yıkıcı olarak insan da müdahaleye katılmış, yersel ve göksel kaynakları tahrip etmek için var gücüyle çalışmaya başlamıştır. Yüzyıllardır süregelen temiz hava, temiz toprak, temiz su insanlık için birer şehir efsanesi haline gelmiş, maddi değerler, dini ve etik değerlerin yerine geçmiştir. Newton'un bahsettiği birbiriyle ilişkili yapılardan oluşan 'Tasarım Harikası' evrenin, parçaları birer birer bozulmaya başlamıştır. Artık topraklar pestisitlerle kirletilmekte, teknoloji için kullanılan kloroflorokarbon ve diğer zararlı gazlar bir tarafa günlük hayatın basit bir parçası olan parfümler ve deodorantlar bile gökyüzüne zehir saçmaktadır.

Eski Ahit insanlığı yeryüzünde düzenin sadece bir parçası olarak görmektedir, Yaratıcı onu yeryüzünü işleyip koruması için görevli kılmıştır. Mezmurcular için gök

---

[215] Mezmur 8,3-4.

[216] Özerkmen, 170

kubbesi Tanrı'nın azametini ifade eden dildir ve Yaratıcı onu sınırsız olarak yaratmış ve içerisinde düzenli ışıklar – gündüz parlaması için güneşi ve gece parlamaları için ayı ve yıldızları- yerleştirmiştir. Ancak insanın doğru yoldan çıkma ve bütün ilişkiyi bozma kapasitesi de göz ardı edilmemelidir.[217]

İngiliz Ekoloji Derneği (1988) Ekoloji bilimi içerisinde Hristiyan etiğinin en önemli bulduğu kavramların bazılarını şu şekilde sıralar:[218]

1-Ekosistem.

2- Enerji akışı.

3-Kaynakların korunması.

4-Geri dönüşüm.

5-Ekosistemdeki kırılganlık.

6-Gıda ağı.

7-Ekolojik adaptasyon.

8-Çevresel heterojenlik.

9 -Tür çeşitliliği.

10-Taşıma Kapasitesi.

11-Maksimum sürdürülebilir verim.

12-Nüfus döngüleri.

13- Av-avcı etkileşimleri.

14-Trafik seviyesi.

15-Habitat restorasyon.

16-Çeşitlilik - istikrar hipotezi.

Bu kavramlar insanmerkezci anlayışın sonucu olarak son birkaç on yıldır Batılı ülkelerin gündemine ilk sırada giren ekolojik tahribatın nasıl en aza indirgenebileceği konusunda yol gösterici olarak benimsenmiş, gerek ulusal gerekse uluslararası ölçekte sayısız toplantı ve konferanslarda öncelikli olarak ele alınmıştır.

---

[217] Palmer, Breuilly, s, 38.

[218] A Primer For Christian Ethics, http://lamar.colostate.edu/~rolston/Ecology-primer.pdf, 02.02.2014

White, Hristiyanlığın yeryüzündeki dinler arasında en çok insan özekli (*antroposentric*) din olduğunu, doğayı sömürmenin Tanrı buyruğu gibi görüldüğünü savunmaktadır. Ayrıca "White ve diğer yazarlar Musevilik ve Hıristiyanlık etiğinin, insanı doğasına yabancılaştırdığını, doğal değerleri ve süreçleri 'metalaştırdığı' bu durumu bu dinlerin doğa karşısında insanı ön plana çıkarmalarının ve her ne pahasına olursa olsun gelişme amacına öncelik vermelerinin yol açtığını iddia etmektedirler"[219]

Oysa geleneksel Hristiyan öğretisi insanı savunulduğu gibi doğanın merkezine koymamış ona dünya üzerinde düzeni ve tabiatın dirliğini sağlayacak bir kahya (*steward*) gözüyle bakmıştır. Hristiyan düşünüşünün içinde, insanın da diğer varlıklar gibi, Tanrı tarafından yaratılmış olması ve insanın diğer varlıklara dair sorumluluk taşıması konusuna da yer verilmiştir. Böylelikle insan, varlık zincirinin en tepesinde olmasına karşılık, Tanrı tarafından yaratılmış diğer varlıklarla ilişkisini de uygun biçimde yönetmektedir.

1545 yılında Saint-Julien köyü sakinlerinin Ambléve'li haşerelere karşı açtığı dava, bu çerçevede ilgi çekicidir. Zira davayı, piskoposluk yargıcının böceklere atadığı avukat tarafından savunulan böcekler kazanmıştır. Yargıcın bu kararının gerekçesi ise, böceklerin de Tanrı tarafından yaratılmış olduğu, dolayısıyla, bitkilerle beslenme konusunda insanlarla aynı haklara sahip olduğu argümanı etrafında sunulmuştur.[220]

Passmore "Man's Responsibility for Nature" isimli eserinde Batıdaki geleneksel ahlak öğretisine faydacılık açısından yaklaşarak Hristiyanlık inanışının her zaman komşularına zarar vermekten kaçınmasını öğütlediğini şu şekilde ifade etmektedir:

"Şimdi de biz katı atıkların havaya ve denize atılmasının, ekosistemlerin bozulmasının, geniş ailelerin çoğalmasının, kaynakların tükenmesinin bugünü ve

---

[219] Özerkmen, 182.

[220] Sanem Yardımcı, *İnsan-Doğa İlişkisi Ekseninde Derin Ekoloji ve Toplumsal Ekoloji,* (Yayımlanmamış Yüksek Lisans Tezi), Ankara Üniversitesi Sosyal Bilimler Enstitüsü Siyaset Bilimi ve Kamu Yönetimi Anabilim Dalı, Ankara 2006.

yarının insanlarına zarar verdiğini keşfetmiş bulunuyoruz. Geleneksel ahlak, hiçbir ilaveye gerek kalmadan ekolojik konulara ilgimizi haklı çıkarmaktadır."[221]

Passmore, burada digergamlığın önemini vurgulayarak dar açıdan komşusu bulunduğumuz bütün ekosistemlere verdiğimiz zararlara değinmiş, geniş açıdan ise gelecek nesillerin paylarının korunması gerektiğine imada bulunmuştur.

İncil'deki ayetlerden esinlenen Hristiyan etik anlayışı, bugün insanın açgözlülüğünü tamahını kesinlikle onaylamamaktadır. Tabiatın ve insanlığın geleceğinin hiçe sayılması uğruna Batı toplumlarına septik bir hastalık gibi yapışan daha çok sanayileşme, daha çok tüketme, daha güçlü ve zengin olma mitine en güzel cevap İncil'den gelmektedir. Gelecek nesillere miras kalacak doğanın bile 'tüketim dini' uğruna tahrip edildiği Batı dünyası, Luka 12:22-31 ayetlere kulak verirse sade yaşamın övüldüğünü görebilecektir. Ayette, yarının rızkı için kaygılananların Tanrı nazarında, doğadaki kuşlardan daha aşağı görülerek horlandığı, açgözlülükle tüketip ve biriktirenlerin ancak 'Tanrısızlar' olabileceği ifadelerine yer verilmiştir.[222] Çünkü, ihtişamlı tabiat ve belli bir nizam üzerine kurulmuş olan bu alem, içerisinde canlılar için birçok nimet barındırmakla birlikte Tanrı'dan birtakım izler taşımaktadır, "bu izlere, Augustine'in iddia ettiği gibi insan aklında, Thomas Aquinas'ın öne sürdüğü gibi âlemin düzeninde ya da yirminci yüzyıl teologlarından Balthasar ve Edwards'ın dediği gibi âlemin güzelliğinde rastlanmaktadır. Calvin'in, argümanlarında ise, alem veya yaratılmış düzen, Tanrı'nın varlığını, tabiatını ve sıfatlarını gösteren bir tiyatro ya da ayna gibidir.''[223]

### 3.2.2. Hristiyan Etiğinin Tüketim Hastalığına Yaklaşımı

Yeryüzünde bulunan, canlı cansız tüm varlıkların, var olma haklarının gözetilmesi olarak tanımlanan çevre etiği kavramına göre, canlı- cansız tüm varlıkların bilinçli ve bilinçsiz olmasına, acıya duyarlılığı olup olmamasına

---

221 Des Jardins, 206.
222 İncil, Matta, Ohan Matbaacılık İstanbul 1999, 6,7.
223 Muhammet Tarakcı, *Hıristiyanlık'ta Vahiy Anlayışı, Uludağ Üniversitesi İlahiyat Fakültesi*, 12(2), 2003, 171-201, 184.

bakılmaksızın ekosistemin işleyişine belirli bir katkıda bulunduğu için evrende bir işleve ve içsel bir değere sahip olduğu kabul edilir. [224]

Bu açıdan bakıldığında birbirine bu derece bağlı olan ekosistemin bir parçasında meydana gelen bozulma canlı veya cansız olsun her varlığın olumsuz etkilenmesi sonucunu doğurur. Dünyanın kuruluşundan bu yana çevre etiğinin bu derece ikinci plana atıldığı ve insanmerkezci (*antropocentric*) anlayışın bu derece ön plana alındığı başka bir dönem görülmemiştir

Canlıların metabolizmalarındaki bozulmalara, büyümelere bir çeşit kanser teşhisi konulduğunda bunun yok edilebilmesi için altta yatan sebeplerin araştırılması gerekmektedir. Yeryüzünün de ekolojik bozulmaya koşut olarak bir çeşit kanser hastalığına yakalandığını düşünüldüğünde; kanserojeni bulmak için çok uzağa gitmek gerekmemektedir. İnsan nüfusunun artışı, daha fazla mal ve daha fazla hizmet ihtiyacını tetiklemekte, insanlar daha fazla yer kaplamakta, daha fazla kaynak ve tüketim malı talep ederek daha fazla atık ve kirletici üretmektedirler.[225] Oysa İncil'de bu türlü açgözlü veya diğer bir deyişle kanserojen tüketim alışkanlıkları asırlar öncesinden açık bir biçimde hor görülmüştür:

"Bu nedenle size derim ki ne yiyeceğiz, ne içeceğiz diye canınız konusunda ve de ne giyeceğiz diye bedeniniz konusunda kaygılanmayı. Can yiyecekten beden de giyecekten daha üstün değil midir? Bakın göğün kuşlarına Ne eker, ne biçer nede ambarlara biriktirirler. Öyleyken Göksel babanız doyurur onları. Siz kuşlardan daha üstün değil misiniz?

Giyecek konusunda neden kaygılanıyorsunuz? Kır zambaklarını göz önüne getirin: Ne güzel serpilip büyürler. Size diyorum ki Süleyman bile tüm görkeminin içinde bunlar gibi giyinip kuşanmamıştı. Ey kıt imanlılar bugün var olan yarın fırına atılan kır otunu böylesi özenle giydirip kuşatan Tanrı, sizi daha çok giydirip kuşatmaz

---

[224] Akkoyunlu, 139.
[225] Palmer, Breuilly, 26

mı? Öyleyse ne yiyeceğiz, ne içeceğiz, ne giyeceğiz diyerek kaygılanmayın. Tanrısızlar durup dinlenmeden tüm bunları ararlar."[226]

Bu gibi bablarda sade ve aşırıya kaçmadan tüketim övüldüğü için Havariler de böyle bir yaşamı tercih etmişlerdir. "Hz.İsa'nın "Dağdaki Vaazı" olarak bilinen ve Matta İncili'nde bahsedilenler fakirliği esas kabul ettikleri için bu ilk Hıristiyan grubuna "Fakirler" (*Ebionitler*) denilmektedir.''[227]

İnsanlar, inançlarından uzaklaştıkça bu bapta belirtildiği gibi Tanrısız'ların yaşadığı gibi, hırslarının peşinde koşarak sade yaşamdan, tevekkülden uzaklaşmaktadır. Daha çok gösteriş, daha çok tüketim ve israf hastalığının kaçınılmaz sonucu olarak doğal kaynakların ve tabiatın durumu, gün geçtikçe geri dönülemez bir biçimde bozulmaktadır.

"Living Planet'' isimli raporda Amerika Birleşik Devletleri'nin çevre üzerinde en fazla baskı kuran ülke olduğu belirtilerek, bir Amerikalı'nın; bir İngiliz'in iki misli ve bir Afrikalı'nın yirmisekiz katı kadar kaynak tükettiğine işaret edilmektedir. Rapora katkıda bulunan, Jenkins ise her şeyin daha hızlı biçimde kötüye gittiği yorumunda bulunarak Batı dünyasının çevre tahribatındaki öncü rolüne dikkat çekmektedir.[228] Nüfusunun çoğunluğu Hristiyanlardan oluşan Batılı ülkeler ve Amerika Birleşik Devletleri, Hz. İsa'nın öğretileri ve İncil'in öğütlerinden çevreye duyarlılık noktasında oldukça uzak görünmektedir. Oysa Hristiyanlık, yoksullardan kardeşlerim diye bahseden Hz İsa'nın öğretileri ve ''Önemli olan bu dünya değil, öteki dünyadır.[229] temeli üzerine yükselmektedir.

İncil'de; "Kuşkusuz Tanrısayarlık çok büyük bir kazançtır, ama eldekiyle yetinme ruhuyla bir arada olursa. Çünkü dünyaya hiçbir şey getirmedik, ne de herhangi bir şey götürebiliriz. Ama yiyeceğimiz, giyeceğimiz varsa, bunlarla yetinelim. Varlıklı olmaya özenenler ise denenmeye düşer bir sürü akılsız, yararsız

---

[226] Matta 6,7- Luka 12/22-25

[227] Ahmet Hikmet Eroglu, http://dergiler.ankara.edu.tr/dergiler/37/751/9612.pdf, 311., 25.06.2014

[228] *Hüriyet Gazetesi*, "Yoksulluğa İsyan Etmek, Servet Hırsı ve Zenginleri Kıskanmak En Büyük Günahlardandır'', 8 Temmuz 2002

[229] Canan Çelik, *Modern ve Postmodern Tartışmalarda Teknoloji, Doğa, İnsan,* (Yayımlanmamış Yüksek Lisans Tezi) G.Ü. Sosyal Bilimler Enstitüsü, Ankara 1994, 19.

tutku tuzağına yakalanırlar. Bunlar insanları yıkıma ve mahva götürür. Çünkü tüm kötülük köklerinden biri de para sevgisidir.''[230] ayetine benzer ifadeler sıkça yer almaktadır.

Mütevazi yaşam tarzı Hristiyanlıkta çokça övülmüştür. Özellikle Hz. İsa'nın diğer peygamberler gibi azla yetinen bir peygamber olması, yeri geldiğinde elindeki ekmeği havarileriyle bölüşmesi Hristiyanların, yeme-içme tüketiminde örnek alması gereken davranışlardır. Çünkü "İsa, mütevazî olanları, kalbi temiz ve samimî olanları, merhametli, adaletli ve barışsever olanları kutsamıştır.''[231]

Aziz Benedikt Kanunları'nda rahip ve rahibeler için bahçelerde, toprak işlerinde, düzenli çalışma saatleri, mevsimsel çalışma programları ayrıntılı olarak düzenlenerek yoksul ve mahsun olmamak için rahiplerin hasatlarını kendileri çalışarak toplamaları önerilmektedir, "Ancak atalarımız ve Havarilerin yaptığı gibi kendi elleriyle yaptıklarınızla yaşarsanız o zaman, gerçek manada rahip ve rahibeler olursunuz'' denilmekle sade yaşam tarzı övülerek sahip olduğu kadarıyla yaşamanın Hristiyan dininin özü olduğu vurgulanmıştır.[232]

### 3.2.3. Hristiyan Öğretisinde Tabii Dünya

#### 3.2.3.1. Kitab-ı Mukaddesin Öğütledikleri

15. yüzyılda yaşamış Hristiyan hukukçu Fortescue, tabi nizamdan şu şekilde bahsetmektedir; "Bu düzende sıcak şeyler soğuk şeylerle kuru olanlar nemli olanlarla ağır olanlar hafif olanlarla yukarıdakiler aşağıdakilerle uyum içindedir. Bu düzende melekler rütbelerine göre göklerde birbiri üstüne konmuştur. Karada havada ve denizde ise insan insanın, hayvan hayvanın, kuş kuşun, balık balığın üstüne yerleştirilmiştir. Öyle ki bu düzen zincirinin en uyumlu ve en barışçıl bir bütünlük içinde birbirine bağlamadığı ne yerde sürünen bir kurtçuk ne yükseklerde uçan bir

---

[230] Timoteos'a I. Mektup V, 6-10

[231] Christian W. Troll, *Tarihî Bir Olay Olarak Hristiyanlık,* (Tercüme: Talip Özdeş), http://eskidergi.cumhuriyet.edu.tr/makale/258.pdf., 26.04.2014

[232] The Holy Rule Of St. Benedict, http://www.documentacatholicaomnia.eu/03d/0480-0547,_benedictus_nursinus,_regola,_en.pdf., 12.05.2014

kuş ne de denizin derinliklerinde yüzen bir balık vardır'' Bu şekilde dünyanın mükemmel ve tam bir sistem olarak yaratıldığına bu varlık zincirinin halkalarından birinin yok olmasıyla kozmik düzenin bozulup dünyanın tutarsız bir yer olacağına vurgu yapar.[233]

Aynı şekilde, Hristiyan inancına temel teşkil eden İncil'in birçok babında, evreni oluşturan tüm varlıkların birbiriyle olan uyumlarına ve ahenklerine yer verilmekte, ilahi nizamdan övgüyle bahsedilmektedir. Allah'ın bütün evrenin yaratıcısı ve sahibi olduğu öğretisi Hristiyan inancının en temel öğretilerinden birisi olup bu bağlamda insanın sahip olduğu her şeyin yaratıcısı ve sahibi yüce Allah'dır. El ile tutulan, göz ile görülen her şey O'nun eseridir ve Dünya O'nun sahipliğindedir. Kutsal Kitab'ın Tekvin bölümünde yer alan "Hüküm Kutsaması" kısmında insan, bu dünyanın sorumlusu, bir nevi kahyası olarak görülmekte, yeryüzündeki canlılara hakim kılınarak sistemi koruma sorumluluğunu taşımaktadır. Bu durumda dünyanın genel düzenini koruyamayan insan, Allah'a başkaldırmış, O'nun yarattıklarına karşı ise saygısızlıkta bulunmuş olacaktır.[234]

Hz. Nuh'a insanlara yararlı olup olmadıklarına bakılmaksızın tüm hayvan cinslerinin korunmasının emredilmesi[235] harman döven öküzün ağzının bağlanmamasının ve öküzle eşeğin tarlaya beraber sürülmemelerinin öğütlendiği ayetler, Kitab-ı Mukaddes'te hayvanlara verilen önemi göstermesi bakımından önemlidir.

Arzda, Allah'ı tesbih eden mahlukat arasında hayvanların bulunduğunun belirtilmesi, belirli zamanlarda dünyaya ziyaretlerde bulunan Tanrı'nın Ruhu'nun kuzu suretinde görünmesi,[236] İncil'de hayvanlara bakış açısının ilginç örneklerindendir.

115. Mezmurda; "Rab sizi ve oğullarınızı çoğaltsın, Siz yeri ve göğü yaratan Rabbim mübareklerisiniz, Gökler Rabbin gökleridir, Fakat yeri ademoğullarına

---

[233] Ünder, *Çevre Felsefesi*, 81-82.
[234] *Çevre ve Din*, http://www.cekud.org.tr/h_img/h_img/%C3%87EVRE%20ve%20D%C4%B0N.pdf., 13.06.2014
[235] Nasr, 94.
[236] Yuhanna 1/34-35-36, Yeşaya 53/4-11

verdi.''[237] şeklinde ifade edildiği gibi her şeyi yaratan Allah, insana yeryüzünde adeta sınırlı bir yetki tanımakta, kendisine bağımlı bir vezir olarak insanı yaratıp ona yeryüzünün sorumlusu olma görevini vermektedir,[238] buna tabiatı ve canlıları koruma, onları himaye etme sorumluluğu da dahildir. Ancak insan, bu sorumluluğu, evrenin merkezinde olma düşüncesiyle eşanlamlı tutmaktan vazgeçip, evrende sınırlı sorumluluk görevini alçakgönüllülükle kabul ederek maneviyatlarını geliştirmedikçe dünyada ekolojik sorunlar çözülemeyecek, tahribatların önü alınamayacaktır. Maneviyat ve manevi değerler, insanların farkındalıklarının oluşmaya başladığı süreçte, derece derece gelişmiş olan bir mefhumdur. Evrenin varoluşunun sadece maddi argümanlarla yorumlanmaya çalışılması manevi değerlerin en baştan inkar edilmesi anlamına gelmekte ve insanın konforu için tabiatın tahribine açıkça cevaz vermektedir. Oysa İncil, tabiata Yaratıcı'nın eseri ve onun bir emaneti olduğu nazarıyla bakılmasını öğütlemekte olup, Eski Ahit yazılarında Yaratıcı şu şekilde övülmektedir:

> Tanrının yarattığı herşey onu mübarek kılar:
> Onu yüceltir ve ebediyyen onu metheder.
> Güneş ve ay! Tanrıyı mübarek kılar:
> Onu yüceltir ve ebediyyen onu metheder.
> Göklerin yıldızları, Tanrıyı mübarek kılar:
> Onu yüceltir ve ebediyyen onu metheder.
> Yağmurla ve çiğler! Tanrıyı mübarek kılar:
> Onu yüceltir ve ebediyyen onu metheder.
> Yeryüzünde yetişen herşey! Tanrıyı mübarek kılar:
> Onu yüceltir ve ebediyyen onu metheder.[239]

---

[237] Mezmurlar, 115, 14-16
[238] *Çevre ve Din*, http://www.cekud.org.tr/h_img/h_img/%C3%87EVRE%20ve%20D%C4%B0N.pdf ,16.03.2014
[239] Ilgar, 103.

### 3.2.3.2. Hz. İsa'nın Öğütleri ve Yaşam Tarzı

Yeri geldiğinde tabiattaki taşları kendine yastık edinen tabiatla bir olmayı her zaman öven Hz. İsa'nın yaşamında, tabiatı korumayı ve onunla uyum içinde olmayı öğütleyen kıssalar önemli bir yer tutmaktadır. Örneğin Luka 21/37 ayette, "İsa gündüzleri mâbette öğretiyordu; geceleri de dışarı çıkarak, Zeytinlik denilen dağda geceliyordu?"[240] denilerek Hz. İsa'nın tabiat içerisinde inzivaya çekilmeyi sevdiği ifade edilmektedir.

"Dağ mefhumunun, Hıristiyan mistikleri için de sevilen bir tablo, bir resim olduğu görülmektedir. İspanyol Hıristiyan mistiği Juan de la Cruz, Mechtild Von Magdeburg dağa özel dini bir anlam vermektedirler. Hatta tanrıyı dağ olarak göstermekte, temsil ve teşbih etmektedirler. Corpus Hermeticum'un mistik eserlerinde dağ, ilâhi vahyin mevkii olarak görülür. Elia, Jesus (*İsa*), Benedictus, Franz von Assisi, dağları duanın yerleri olarak sevdiler. Dağ, mistikte, insanın yolu, murakabenin odağına bir çıkış olduğu gibi Allaha yakın olmanın da bir sembolü olarak görülmektedir.[241]

Bugün, Hristiyanlık inancı bağlamında tartışılan en önemli konulardan birisi, Hristiyanlığın, insan merkezci bakış açısına sahip olup olmadığı veya ne derece insan merkezci olduğu yönündedir. Ancak günümüzden asırlar önce yaşamış olan Lion'lu Psikopos İrenicus, Hz İsa'nın kişiliğinde Hristiyanlığın canlı merkezci özelliğine dikkat çekerek Hz.İsa'nın, sadece insanlığı kurtarmak için değil tüm yaratılmışları kurtarmak için gönderildiğini ifade etmiştir.[242]

Yine, White'ın, Hristiyan dinsel geleneğinin oldukça insanmerkezci olduğu eleştirisine Hristiyan teologlar İncil'deki Tekvin bölümüne işaretle "Allah adamı aldı ona baksın ve onu korusun diye Aden bahçesine koydu" ayetinden insanın Tanrının

---

240 Luka İncili: 21/37
241 Tanyu, 15.
242 Ferkiss, s. 16.

yarattığı varlıklara bakmak ve korumakla yükümlü olduğu sonucunu çıkararak cevap verirler, yani insan sahip değil sadece bir emanetçidir.[243]

Troll, Hz.İsa'yı anlatırken "Onun bütün hayatı, sevgi ve itaat ruhuyla tamamlamış olduğu misyonu üzerinde odaklanmıştır. O, 'hizmet edilmek için değil, hizmet etmek için ve birçok insan için hayatını fidye olarak vermek' için geldiğini açıklamıştır. O, kendisinden, hayatını koyunları için adayan 'iyi çoban' olarak bahsetmiş ve ölümünü, toprağa düşerek ölen ama daha fazla meyve vermek için yeni bir bitki olarak tekrar canlanan buğday tanesine benzetmiştir."[244] ifadelerini kullanarak onun yaşamı gibi ölümünde de tabiatla ne denli iç içe olduğuna işaret eder. Hristiyan ermişlerin birçoğu Yaratıcı'nın eserlerini anlamlandırmada yaratılış konusunda tefekkür etmenin önemini vurgulamışlardır.

Pavlos, bir adım daha ileri giderek, Yahudilerin asli suçlarından birinin Tanrı'nın yaratma kudretini takdir etmemeleri olduğunu savunur. Çünkü Yaratılmış olan âlem üzerinde düşünerek elde edilen Tanrı bilgisi, mutlak anlamda bir vahiydir; çünkü âlem, Tanrı'nın, insanı saygıya çağıran bir tezâhürüdür. "Tanrı, kendisi hakkında bilinebilecek her şeyi bildirmiştir; çünkü yaratılışından beri dünya Tanrı'nın mükemmelliklerini okuduğumuz bir kitap gibidir. Dünyaya bakan bir kişi, onu yaratanın ihtişamını ve kudretini göremiyor ve dolayısıyla bir yaratıcı fikrine ulaşamıyorsa, bu kişinin affedilmesi mümkün değildir''[245]

İşaya Peygamber, İsrail'e Allah'ın kendilerini unutmadığını hatırlatmıştı. Çünkü Allah onların yaratıcısıdır ve her şeyi bilir: "Ve beni kime benzeteceksiniz ki ben ona denk olayım? Kuddüs diyor. Gözlerinizi yukarı kaldırın ve görün, bunları kim yarattı; O kı, bunların ordusunu sayı ile çıkarır; onların hepsini adları ile çağırır; kudretinin büyüklüğünden ötürü ve kuvvetinin zoru ile onlardan hiç biri eksilmez. Niçin, Ey Yakub: Rab benim yolumu görmüyor ve Allah'ım hakkıma bakmıyor, diyorsun; ve

[243] Ünder, *Çevre Felsefesi*, 146.
[244] Christian W. TROLL, http://eskidergi.cumhuriyet.edu.tr/makale/258.pdf., 26.04.2014
[245] Tarakcı, 181-182

ey İsrail, niçin böyle söylüyorsun? Bilmedin mi? İşitmedin mi? Ebedi Rab, dünyanın uçlarını yaratan; zayıflamaz ve yorulmaz; onun anlayışının derinliğine erilmez.''[246]

Yaşamın her bölümünde tabiat unsurlarına verdiği önemi vurgulayan Hz İsa'nın, doğa sevgisini kazanmasında, Renan'ın deyişiyle, yemyeşil çayırları ve güneşli güzel havasıyla, çocukluğunu geçirmiş olduğu Galile şehrinin de etkisi olmuştur.[247]

Hz. İsa, müritleriyle birlikte açık havada, doğada sohbet etmeyi sevmekte sohbetlerinde kuşların ve çiçeklerin ekonomik düşünceden uzak oluşlarını övmekteydi. Bulutları, yeniden dirilen tohumları ve sararan yaprakları gördükçe Yaratıcıya hamdederdi.[248]

Diğer bütün peygamberler gibi mütevazi bir hayat süren Hz.İsa, vaazlarında müritlerine israfı ve isteklerinde aşırıya gitmemeyi öğütlemekte, bu niteliklerin insanı cehenneme götüreceğini ifade etmekteydi.[249]

"Yere hazineler gömmeyin, kurtlar yer, pas bozar, hırsızlar keşfeder çalar kendinize gökte hazineler toplayın, orada ne kurt ne hırsız ne de pas vardır."[250] demek suretiyle, gökyüzünün güzelliğini överken diğer taraftan, insanlara suni zenginliklerden ziyade, doğal zenginlikleri tercih etmelerini istemiştir. Yine başka bir vaazında, doğadaki hayvanların, kendilerine Tanrı tarafından bahsedilmiş bulunan giysilerini, insanların süslü, israfa ve aşırıya kaçan giysilerine tercih ettiğini ifade etmiştir. Havarilerine hitaben; "Ey Havariler! Ben dünyayı sizin önünüzde yere çaldım. Onu mübarek saymayın, bilin ki bütün suçların başı dünyayı sevmektir, istek çokluğudur."[251] şeklinde bir ifadeyle dünya dolayısıyla tüketim sevgisini yermiştir. Bugün ekolojik sorunların temelinde üretim ve tüketimdeki aşırılıkların bulunduğu düşünüldüğünde, Hz. İsa'nın bu konudaki öğütlerinin önemi de anlaşılmış olur.

Çevre sorunlarının ve ekolojik tahribatın öneminin farkında olan diğer bir Hristiyan Lideri, Papa II. Jean Paul'un 1 Ocak 1990 Dünya Barış Günü dolayısıyla

---

[246] İşaya 40/25-28
[247] Georgias Berguer, *The Life of Jesus*, Covent Garden, 1923, 298.
[248] Toynbee, ve İkeda, 44.
[249] Ernest Renan, *İsa'nın Hayatı*, MEB Yayınevi, İstanbul 1997, 103.
[250] Renan, 105
[251] İmam Gazali, *Ölüm ve Ötesi*, Sağlam Yayınevi, İstanbul 1999, 285.

yayınladığı bir mesajda, bu konudaki hassasiyetini göstermiş ve tüm dinlere mensup olan bireyleri çevre hakkında duyarlı olmaya çağırmıştır.

Bugün, çevre sorunlarının altında yatan asıl nedenin 'hayata karşı saygı yokluğu' olduğunu ifade eden Papa II. Jean Paul özellikle endüstrileşme ve sınırsız büyüme kavramlarını birbirine Aziz Francis'in öğretilerini ve yaşamını öğrenmek yoluyla, gerçek Hristiyan inancı yerine maddeyi ve kâr güdüsünü koyan Batılı Hristiyanlarda, bu sayede, doğanın korunması yönünde bir tutum gelişebilecektir.

Nasr'ın ifade ettiği gibi, "Ermişçesine bir ömür hâlesiyle kuşatılmış olan Aziz Francis doğaya saygılı bir tavrın etkileyici bir örneği"[252] olarak; Batı toplumu karşısında keşfedilmesi gereken bir değer olarak durmaktadır ve Aziz Francis'ten öğrenecekleri çok şey olduğu bir gerçektir.

### 3.2.3.3. Kilisenin Rolü

"Roma İmparatorluğunda Hıristiyanlığın yayılması sırasında ilk keşişler, 3. yüzyıl sonlarında görülmeye başlanmıştır. Dünyadan el etek çekip, toplumdan uzakta inzivaya çekilerek dua ve ibadet yoluyla Tanrıyı arama, Hıristiyanlığın ilk yıllarında ortaya çıkmıştır. İnziva yolunu seçen kişi, münzevi ya da erenos (*ερεμος / çöl ıssızlığında yalnız yaşayan*) olarak tanımlanmıştır.''[253]

Teorik temeli Clement ve Origen'e dayandırılan Hıristiyanlık'taki züht hayatı, Tanrıya duyulan mükemmel sevginin yolunun, ruhu bütün tutku ve ihtiraslarından kurtarmaktan geçtiğine inanan Stoacıların felsefelerinden etkilenmiştir. Bu fikri temel alan züht hayatı anlayışı 4. yüzyılda manastır hayat tarzının ortaya çıkışına kadar, Hıristiyanlığın her bölgesinde taraftar toplamıştır. Manastırlar kurulmadan önce, Tanrıya daha yakın olmak için her türlü sosyal ve kişisel bağlardan kurtulmayı amaçlayan Hıristiyan zahitlerinin büyük bir bölümünü çöl münzevileri oluşturmuştur. Bunların nefsi zevklerini köreltmek adına hiç oturmadan veya uzanmadan yıllarca bir

---

[252] Nasr, 48
[253] Sema Doğan, "Ortaçağ Manastır Sistemi: Doğu ve Batı Manastırları" *Hacettepe Üniversitesi Edebiyat Fakültesi Dergisi,* 20(2), 2003, 74.

sütun üstünde yaşadıkları, yıkanmadıkları ve elbiselerini yıllarca değiştirmeden, ot ve çimen dışında hiçbir şey yemeden çok zor şartlar altında yaşadıkları ifade edilir.[254]

Kilise ve manastırlar Hristiyanlığın İncil'den sonra en önemli yol göstericileri olmuşlardır ve bugünde bu önemlerini korumaktadırlar.

"Tacir hiçbir zaman Allah'ı memnun edemez etse de bu çok nadir olur'' deyişi, kilisenin o dönemde ticarete temkinli bakış açısını yansıtmakta olup iktisadi hayata şüphe ile baktığının iktisadi faaliyetten endişe duyduğunun göstergesi olarak karşımıza çıkmaktadır. Ortaçağın hakim kurumu olan ve iktisadi ahlakın oluşmasında önemli rolü olan kilisenin dönemin iktisadi ahlakına uygun davranmaya çalıştığı savunulabilir.[255]

Manastır hayatı ve özellikle Benedikten Manastırları mütevazi yaşamı, tüketim nispetinde üretimi salıklar. Manastırlarda inzivaya çekilen rahip ve rahibelerin en önemli görevleri arasında ruhsal temizliğin sağlanması kadar çevrenin temizliği de ayrı bir önem arz eder, manastır çevresindeki alanlar ıslah edilir varsa bataklıklar kurutulur, toprak ekilerek değerlendirilir. Benedikten manastırı üyeleri toprağa bağlı yasayan doğayla uyumu yakalamış din adamlarıydı. Yalnızca bununla kalmayarak Hz. İsa gibi sade bir yaşamı tercih etmiş ve dünyevi isteklerinde aşırıya gitmemişlerdir. Hatta et yemek bile bu manastır üyelerine yasaklanmıştır:

Manastır üyelerinden ancak hasta ve zayıf olanların çabuk iyileşmeleri için et yemelerine izin verilmiş ancak iyileştikten sonra her zaman ki gibi et yemekten sakınmaları önerilmiştir.[256]

Manastır hayatını yaşayanlar tüketimde o denli mütevazıdırlar ki "kiliselerinde aşırı tüketilen mum, kendi mumhanelerinde, el yazmalarında kullanılan parşömen de yine manastır içinde üretilmektedir.[257] Hristiyan mezhepleri içerisinde Katolik ahlakının evrenin merkezine "insanı'' yerleştiren ve İncil'de mütevazi hayata pek de

---

[254] Salihe Polat, *Hıristiyanlık'ta Manastır Hayatı*, (Yayımlanmamış Yüksek Lisans Tezi), Ankara Üniversitesi Sosyal Bilimler Enstitüsü, Ankara 2004, 10.
[255] Uslu, 89.
[256] *Benedikten Düzeni*, http://www.hristiyanforum.com/forum/showthread.php?t=337183, 02/05/2014.
[257] Doğan, 78.

rağbet göstermeyen Protestan ahlakına göre sade yaşama olan ilgisinin daha fazla olduğu söylenebilir.

Değer ölçülerini henüz maddeleşmemiş bir dünya görüşü üzerinde biçimlendiren Katolik inanışı maddi hayatın icaplarından uzak kalmayı yeğleyerek kendine has yorumla bir etik anlayışı oluşturmuş ve bu anlayış insanların her faaliyetlerinde olduğu gibi iktisadi faaliyetlerinin de başat bir rol oynamıştır.[258]

### 3.2.3.4. İncil'de Tabiat Tasvirleri

"Tüm topluluk deniz kıyısında toplanmıştı. İsa, simgesel öykülerle onlara birçok şey öğretiyordu. Öğretisinde şunları anlatıyordu: Dinleyin! Bir ekinci tohum ekmeye çıktı. O ekerken tohumların kimi yolun kenarına düştü kuşlar inip onları yedi. Başka bir tohum ise kayalık bir yere düştü. Orada pek toprak olmadığından hemen filizlendi. Çünkü toprağın derinliği yoktu. Güneş doğunca kavruldu kökten yoksun olduğundan kuruyup gitti.''[259]

"Bozulan tohumdan değil, hiç bozulmayandan doğdunuz.

Çünkü, her canlı varlık tıpkı ot gibidir,

Ve tüm yüceliği otun çiçeği gibidir.

Ot kurur ve çiçeği yere düşer.

Ama Rab'bin sözü sonsuz çağlar boyunca kalır.''[260]

Hz. İsa'ya, Tanrı hükümranlığının neye benzediği sorulduğunda ise;

"O bir hardal tohumuna benzer. Toprağa ekildiğinde yerdeki tüm tohumların en küçüğüdür. Ama ekildikten sonra büyür ve ekinler içinde en büyüğü olur. Dallanıp budaklanır. Öyle ki göğün kuşları gölgesinde tüneyebilir.''[261]

Yukarıdaki bablarda olduğu gibi İncil'de neredeyse baştan sona Hz. İsa, insanlara öğütlerde bulunurken çoğunlukla tabiat tasvirlerinden yararlanmış, insanı gerek ağaca, gerek tohuma, gerekse sulara benzeterek kıssalar çıkarmıştır.

[258] Uslu, 88.
[259] Markos, III, IV. Ekinci Simgesi
[260] Petros'un I. Mektubu 1, 2
[261] Markos IV, 30-34

Tohumlar, ağaçlar (*özellikle incir ağacı*), dağ, deniz sembolleri İncil'in vazgeçilmez öğeleri olarak karşımıza çıkmaktadır:

"İncir ağacından ders alın; Dalı filizlenmeye yüz tutunca yaprakları yeşerince yazın yakın olduğunu bilirsiniz. Bunun gibi bu gelişmeleri gördüğünüzde de O'nun yakında, kapılarda olduğunu bilesiniz.''[262]

İslam dinine benzer biçimde Hristiyanlık'ta da, tabiat öğelerinin Yaratıcı'nın azametini gösteren simgesel ayetler ve vahiy unsuru olduğu inancına rastlanabilmektedir. Tillich, taş ile insan arasında vahyin aracısı olmak bakımından potansiyel olarak hiçbir fark olmadığını, bunlar aracılığıyla alınan vahiyler arasında ancak önem ve gerçeklik farkı gözetilmesi gerektiğini ifade eder. Okyanus, yıldızlar, bitki ve hayvanlar, insanların bedenleri ve ruhları, vahyin doğal aracıları olarak karşımıza çıkan vahiy vasıtalarının sayıları, tabiattaki doğal objeler kadar fazladır. Yine gökyüzünün hareketleri, gündüz ve gecenin değişimi, gelişim ve çöküş, doğum ve ölüm, doğal afetler, psikosomatik deneyimler gibi sayısız tabiat olayları vahiy karakteri taşımaktadır.[263]

Tabiat tasvirlerinin yanı sıra Ortaçağa gelindiğinde kiliselerde bitkilerin yetiştirildiği ve bazı bitkilerin kutsal niteliğe büründüğü görülmektedir. Beyaz zambak ve güller Hz. Meryem'in masumiyetini anlatırken, kırmızı gül ise İsa'nın kanını simgelediğinden ayrı bir kudsiyete sahiptir, ayrıca Hristiyanlık'ta önemli sayılan birçok el yazması eser irisin mor çiçeklerinden elde edilen boya maddesiyle yazılmıştır.[264] Yine doğumundan üç gün sonra Hz. İsa'ya hayvanların tazimde bulunduğu, bir mağaraya sığınan Hz. Meryem'e ejderhanın zarar vermediği, çölde hayvanların refakat ettiği ve Hz. İsa'nın ağaçlarla konuştuğu türden olaylar onların tabiatla ilişkilerini göstermesi açısından manidardır.[265]

---

[262] Matta XXIV, 32-35
[263] Tarakçı, 183
[264] Keleş, 90.
[265] Muammer Ulutürk, *Hristiyanlık'ta Havarilik,* (Yayımlanmamış Doktora Tezi), Selçuk Üniversitesi Sosyal Bilimler Enstitüsü, Konya 2005, 25.

## 3.3. İSLAM DİNİNİN KÖKENİ

Arap yarımadasında doğmuş olan İslam dini, Hz. Muhammed tarafından tebliğ edilmeye başladıktan kısa bir zaman içerisinde dünya üzerindeki bütün kıtalara yayılmış, günümüzde de yayılmasını devam ettiren evrensel bir dindir. Allah'ın birliği (*tevhid*) inancı esası üzerine kurulu olan İslam dini son hak din olarak kabul edilmektedir.

Kitab (Kur'an-ı Kerim), Sünnet (Hadis) ve Fakihlerin Re'y ve Kıyasları İslam Şeriat'ının veya Fıkh'ının asıllarını oluşturur. Peygamber, sahabelerine, bu üç asla dayanarak, içtihad'ta bulunmalarına da izin vermişti. Kitab ve Sünnet, başlıca hükümleri içerir. Re'y ve Kıyas ile de cüz'i hükümler, asli hükümlerden çıkarılır.[266]

İslam dininin tebliğcisi olan, Hz. Muhammed'in peygamberliği tarihin en önemli ve etkili olaylarından biridir. Hz. Peygamber, çevresinden başlayarak çoğunluğu müşrik olarak nitelendirilen insanları mesajlarındaki derinlik, ciddiyet ve tutarlılık ile İslam dinine davet etmiştir.[267] Güzel ahlakı tamamlamak üzere gönderilen Hz. Peygamber'in nübüvvet öncesi ve sonrası hayatında, ahlaki güzellikleri açısından önemli bir fark yoktu. Hz. Muhammed, peygamber olmadan önce insanlarla iyi ilişkiler kurması, ihtiyaçlı olanlara yardım etmesi, sadık ve güvenilir olması gibi olumlu ahlaki özelliklerinden dolayı Mekkeliler tarafından kendisine 'emin' sıfatı yakıştırılmış bir insandı.[268] Bu tür övülmeye layık güzel ahlakın tanımı içerisinde hiç şüphesiz yaratıcının eseri olan tabiata ve onun içerisindekilere karşı esaslı bir hoşgörü ve merhamet yer almaktadır.

İslam dininin asıl kaynakları olan Kur'an-ı Kerim ve hadislerde tabiat unsurlarının şüphe götürmez bir şekilde Yaratıcı'nın eseri olduğuna birçok yerde değinilerek insanın sadece yaratılanlar üzerinde Allah'ın takdiri ölçüsünde, tasarruf hakkı olduğu vurgulanarak, israfta aşırıya kaçanların elim bir şekilde

[266] Cavit Sunar, *İslam Dininin Kaynağı ve Gayesi*, http://dergiler.ankara.edu.tr/dergiler/37/767/9722.pdf, 02.05.2014
[267] Casim Avcı, *İlk Dönem İslâm Tarihi*, Anadolu Üniversitesi web-ofset, Eskişehir 2013, 61.
[268] Avcı, 61.

cezalandırılacağından bahsedilir. Bu açıdan bakıldığında İslam dini içerisinde doğan tasavvuf hareketlerinin "kendine yeten ölçüsünde almayı" salıkladığı görülmektedir.

İslam dini, dışa bakan yönüyle "Yaratılanı severiz Yaradan'dan ötürü" deyişiyle kainatın düzenini sağlayan Allah'a saygının göstergesi olarak yaratılanlara merhamet etmeyi öğütlerken içe bakan yönüyle de tefekkür etmeyi ve sade yaşamı yüceltir. Ümmetine asırlar öncesinden yani insanın doğayla uyum içinde yaşadığı devirler de bugünkü ekolojik felaketleri hissedercesine suyu abdest alırken bile dikkatli kullanmayı, ağaç dikmeyi ve canlılara merhametli olmayı öğütleyen Hz. Peygamberin hayatı İslam dininin çevreye gösterdiği hassasiyet konusunda en veciz örnektir. İsraftan uzak kanaat dolu bir yaşamı seçen ve bu yaşam biçimini Müslümanlara da salıklayan Hazreti Muhammed, ekoloji ve çevresel değerlerin muhafazası konusunda sayılamayacak kadar fazla öğütlerde bulunmuş, bunları yaşantısına da uyarlayarak zenginlik ve sefahat yerine zamanının şartları içerisinde tamamen "sade ve ekolojik bir yaşamı tercih etmiştir.[269]

### 3.3.1. Kur'an-ı Kerim Ayetlerinde Tabiat ve Tefekkür İlişkisi

İnsanın insan olmayan varlıklara nasıl davranacağı sorunu üzerinde duran çevre ahlakının [270] İslami boyutu üzerinde durulacak olursa çevreyi korumanın ahlaki olduğu kadar dini bir görev olarak da ele alındığı görülür.

İslami dünya görüşünün temellendiren üç kaynak bulunmaktadır. Bunlar sırayla; Allah ya da diğer bir deyimle Tevhit inancı, Peygamberlik veya Nübüvvet ve Ahiret (*hesaba çekileceği*) inancıdır. Bu noktadan hareketle Müslüman bireyin çevreye bakış açısı da bu kaynaklara göre şekillenmek durumundadır.[271]

Kur'an-ı Kerim'de insan çevre ilişkisi ele alınırken insanın eşref-i mahlukat olarak yaratıldığı belirtiliyorsa da En'am suresi 38. ayette yeryüzünün insana bir emanet olarak verildiğini görmekteyiz.

---

[269]Abdest Almanın Adabı, Erişim Tarihi: 04.04.2016
http://mturkey.net/2016/04/04/abdest-almanin-adabi-suyu-israf-etmemek/

[270] Ünder, "Çevre Ahlakı: İnsan Merkezcilik ve Çevremerkezcilik", 82.
[271] İbrahim Ünal, *Çevre*, İslam ve İnsan Gençlik Yayınları, İstanbul 1994.

"Hem yeryüzünde kımıldayan hiçbir canlı ve iki kanadıyla uçan hiçbir kuş yoktur ki sizin gibi birer ümmet olmasınlar. Biz kitapta hiçbir şeyi eksik bırakmamışızdır. Sonra hepsi toplanır Rablerinin huzurunda Haşr olunurlar".[272] ayeti kerimesinde hayvanlara en az insanlar kadar değer verildiğini ve Müslümanların yeryüzündeki canlılara onlarında birer ümmet olduklarını hatırlayarak hassasiyetle yaklaşmaları gerekir. Kur'an-ı Kerim'in bazı yerlerinde aynı ümmetten olanların birbirine zarar vermeleri yasak kılınmıştır. Böylelikle bu dairenin dışına çıkarak insanlara ve diğer canlılara da zarar vermesi eşref-i mahlukat olarak anılan insanı artık hayvanlardan daha aşağı (*esfel-i safilin*) durumuna düşürebilmektedir. Kur'an-ı Kerim'de, insana kainatın nasıl yaratıldığı yönünde bilgiler verilmiş olup insanla diğer canlı varlıklar arasındaki münasebetlerin nasıl olması gerektiği yönünde yol gösterici bir çok ayet yer almaktadır.

Nihai amacı dünyada eşyanın bilgisini kazanmak olan insan, tabiatta aşkın olanın peşindedir ve bu yönüyle İslam dininde de tabiatla insanı birbirinden ayırmayan bir bütünsellik vardır.[273] Bugün insan ve tabiat, tabiat ilimleri ve dini referanslı ilimler arasında kopan bağ bizzat Kur'an-ı Kerim'de keşfedilebilir. Bazı kaynaklar kainatı bir yönüyle makrokozmik bir vahiy olarak[274] değerlendirilmekteyken, diğer yandan insan bedeni tabiata benzetilebilmektedir.

İhvan-ı Safa risalelerinde tabiat- insan benzerliği şu şekilde ele alınır;

"Vücut, toprak gibidir. Kemikler dağlar, beyin madenler, uyluk deniz, bağırsaklar nehirler, sinirler ırmaklar ve kaşlar da toz ve çamur gibidir. Vücuttaki kıllar bitkiler gibidir ve kıl yetişen bölgeler verimli topraklar, yetişmeyen bölgeler ise bataklıklar gibidir. Yüzünden ayaklarına dek vücut, bir ülke gibidir. Önü doğu, arkası batı, sağı güney ve solu kuzey olan bir ülke. Nefesi rüzgarlar gibidir. Kelimeleri gök gürültüsü, sesleri yıldırım gibidir. Gülmesi öğle, ağlaması gecenin karanlığı, uykusu ölüm ve uyanması yaşam gibidir. Çocukluk günleri ilkbahar, gençliği yaz; olgunluğu sonbahar ve yaşlılığı kış mevsimi gibidir. Onun hareket ve etkinlikleri yıldızların

[272] En'am, 38.
[273] Kemal Görmez, *Çevre Sorunları ve Türkiye*, Ankara 1997, 70.
[274] Nasr, 90.

hareketi ve sönmesine benzer. Onun doğuşu ve varlığı, yıldızların yükselişi, ölümü ve yokluğu ise yıldızların batması gibidir."[275]

Kur'an-ı Kerim'ın birçok ayetinde insana Allah'ın verdiği nimetleri görsünler onlardan yararlansınlar ve O'na hakkıyla şükürde bulunsunlar diye sayısız öğütler verilmiştir.

"O, Odur ki gökten bir su indirdi. Size onda bir içecek var; yine ondan bir ağaç çıkar ki onda hayvan yayasınız. Yeryüzünde rengarenk şeyleri de sizin için yaratmıştır. Kuşkusuz bunda düşünüp ibret alacak bir toplum için bir delil vardır. Yine O'dur ki, o denizi emrinize hazır kılmıştır ki ondan taze bir et yiyesiniz ve içinden giyeceğiniz süs çıkarasınız. Gemileri de görürsünüz ki o denizin içinde yara yara akar giderler; hem Allah'ın lütfundan nasip arayasınız, hem de gerek ki şükredesiniz diye"[276]

Kur'an-ı Kerim'de Allah, Yahudi inanışındaki Yehova'dan daha fazla kişisellikten uzaktır. Kitabı Mukaddes Tanrısındaki tutku onda yoktur. Allah hakkında ancak doğadaki işaretlerinden bir şeyler sezebiliriz ve O, o kadar aşkındır ki onun hakkında ancak "mesel"lerle konuşabiliriz. Kur'an-ı Kerim, sürekli olarak Allah'ın mesajlarının ve işaretlerinin anlaşılması için akıl gerektiğini vurgular.[277] Örneğin, A'raf, suresi 185. ayette buna şu şekilde vurgu yapılmaktadır:

"Bunlar göklerin ve yerin ve Allah'ın yarattığı herhangi bir şeyin bütün idare ve melekutu (yani bütün durumları ile kontrol ve tasarrufunu yürüten ve idare eden güç ve otoritenin büyüklüğü) hakkındaki bir kere olsun fikir yürütmediler mi de mi?"[278]

Ayetlerden ibret alınması ve onların doğrultusunda aşırıya gitmeden itidalin seçilmesi bu denli vurgulanmışken insana düşen görev, tabiatta kendisine sunulan tüm nimetlerden en güzel şekilde yararlanmak ve zaten en güzel şekilde düzenlenmiş olan doğanın dengesini bozmamaktır.

---

275 Selim Uzunoğlu, "İnsan-Tabiat İlişkileri", *Ekoloji ve Çevre Dergisi,* Sayı: 13, Ekim-Kasım-Aralık 1994, 12.
276 Nahl 10/14.
277 *Tanrı'nın Tarihi Karen Armstrong*, Erişim Tarihi: 02.05.2014, http://www.altinicizdiklerim.com/ozetler/_Tanrinin.pdf.,
278 A'raf, 185.

"Hem ayrıca O, O'dur ki yeri enine boyuna uzattı sündürdü ve onda oturaklı dağlar ve ırmaklar yaptı ve meyvelerin hepsinde ondan iki çift yarattı. Kuşkusuz bunda düşünecek bir toplum için deliller vardır."[279] Bu şekilde birçok ayette insanın Allah'a hakkıyla şükretmesi ve O'nun azametini düşünüp ibret alabilmesi için birçok tabiat hadisesi örnek kılınmıştır.

"Onlar ki gerek ayakta ve otururken ve gerekse yanları üzerinde yatarken hep Allah'ı zikrederler ve göklerin, yerin yaratılışı konusunda düşünürler: 'Ey Rabbimiz!', derler, bu evreni boşa yaratmadın Sübhansın, O halde bizleri o ateş azabından koru!"[280]

Kur'an-ı Kerim, doğru yorumlandığında insanın bu kainatın sadece bir parçası olduğu insanın ismi dahi anılmadan sayısız ayette yeryüzünün mülkiyetinin sadece Allah'a ait olduğu açıkça belirtilir. O halde sahibi olan mülkü bu denli talan etmek insanın haddi olmasa gerektir. Ancak insan, haddini aşarak kainatı bu denli tahrip ediyorsa mülkün sahibinin de bu konuda cezalandırıcı tasarrufu olacağı göz ardı edilemez.

"Hem sonra göklerde ne var yerde ne varsa hepsi Allah'ındır."[281]

"Halbuki göklerdeki ve yerdeki şeyler hep Allah'ındır. Allah herşeyi kuşatmıştır."[282] Ayet-i kerimelerinde mülkün sahibinin yalnızca Allah olduğu açıkça vurgulanmaktadır. Bu doğrultuda inananların yerler ve göklerdeki her şeyin Allah'a ait olduğu şuuruyla hareket ederek mülkün sahibine saygı gösterip aşırıya kaçmadan nimetlerden yararlanmaları gerekmektedir.

Tevhid ilkesi doğrultusunda Allah'ın birliğini vurgulayan İslam dini bunun yanı sıra Allah'ın eseri olan insan ve âlemin birliğini de vurgulamış ve yeryüzünün tahrip edilmemesini ona bir emanet gibi davranılmasını öngörmüştür.[283]

---

[279] Ra'd, 3.
[280] Ali İmran, 191.
[281] Ali İmran, 109.
[282] Nisa 126, (Ayrıca, Nisa 132, Ali imran 129-189 ayetlerde de benzer ifadeler bulunmaktadır.)
[283] Ali Erbaş, (Ed.), *Yaşayan Dünya Dinleri*, 7.

Dinden ve özelde İslam'dan uzaklaşma insanı doğa üzerinde yani yaratıcının mülkünü tüketim nispetinde üretmekten çok daha çok kazanmak ve biriktirmek, daha lüks bir hayat yaşamak uğruna egoistçe harcayan bir mirasyedi konumuna sokmaktadır. Al-i İmran suresinde asırlar evvel insanın bugünkü gibi doğayı tahrip ederken bir miras yiyici gibi davranmasına üstü kapalı bir şekilde atıfta bulunulmuş gibidir.

"Kaldı ki göklerin ve yerin mirası hep Allah'ındır ve Allah her ne yaparsanız haberdardır."[284] Bu manada Yaratıcı - doğa bağlamında büyük ölçüde bir inanç yozlaşması ortaya çıkmıştır. Nasr'a göre, nüfus artışının nefes alacak bir boşluk bırakmaması, şehir yaşamını neredeyse kangrene çeviren bir pıhtılaşma ve tıkanıklık, tabii kaynakların tükenişi, çevrenin sınırsız makineleşme sonucu yaşanmaz hale getirilişi hatta akıl hastalıklarındaki olağanüstü artışın ve aşılması imkânsız binbir türlü başka zorluğun sebebi, kesinlikle tabiatın boyunduruk altına alınmasıdır. Son olarak kaçınılmaz gibi görünen ama topyekün ve neredeyse kozmik niteliğinden ötürü mutlaka kaçınılması gereken savaş sorununu böylesine vahim kılan da, insanın içindeki hayvanı büsbütün serbest bırakırken, dışarıdaki tabiatı hedef alan bu boyunduruktur.[285]

Kur'an-ı Kerim'de diğer hiçbir kitapta olmadığı kadar fazla tabiat tasviri yapılmış olup, çevreyle ilgili konulara değinen ve çevreyi korumamızı salıklayan yaklaşık 500 ayet vardır[286] ve kainatın bir düzen çerçevesinde yaratıldığını anlatan bir çok ayet, Kur'an-ı Kerim'de mevcuttur.

"Şüphesiz biz herşeyi belirli bir ölçüde yarattık"[287] ayeti kerimesi doğal nizama vurgu yaparak bir ölçüden bahsetmektedir. Malumdur ki bir şeyin ölçüsü kaçtığında ondaki ahenk ve güzellik bozulmaktadır. Yaratıcının ayeti kerime de belli bir ölçüyle var ettiği düzenin devam etmesi artık yaratılanların şereflisi olan insanın iradesine bağlıdır. Ancak son bir asırdır insanlık iradesini haddinden fazla üretim ve tüketim

---

[284] Ali İmran, 189.
[285] Nasr, 14-15.
[286] Fazlun Khalid, Joenne O'Brien, *İslam ve Ekoloji*, (Islam and Ecology), (Çev.: Murat Çiftkaya), İGDAŞ Yayınları, 1992, 14.
[287] Kamer, 49.

saikiyle hareket ederek o denli kötüye kullanmıştır ki artık ''ölçü aşılmış'' ve başlangıçta insanların ahenk içinde yaşadığı doğa asit yağmurları, ormansızlaşma, doğal kaynakların tükenmeye başlaması tehlikesiyle burun buruna gelmiştir.

"Halbuki O Yaratıcıdır ki geceyi gündüzü ve güneşi, ayı yaratmış; bütün o gök cisimleri her biri birer yörüngede yüzüyor."[288], "Rahman Öğretti Kur'anı Yarattı insanı, belletti ona o güzel beyanı, Güneş ve Ay hesap iledir. Çimen ve ağaç secde ederler. Bak şu güzel göğe, O verdi ona o yüksekliği koyup ölçüyü, ki taşmayın ölçüde".[289]

Ayet-i Kerimelerde açıkça insanların "kurulan dengeyi doğru tutarak onu bozmamaları" salıklanmıştır. Tüm bu uyarılara rağmen doğayı tahrip etmek yoluyla tabiat nizamını bozma yolunu seçen insan şüphesiz kendine zarar vermekle kalmayarak en doğal hakları olan bozulmamış bir dünyada yaşamalarını engelleyerek kendi suçunu gelecek nesillere ödetmektedir.

"İnsanların elleriyle işledikleri yüzünden karada ve denizde bozulma (fesat) meydana çıkar; Allah belki yaptıklarından geri dönerler diye yaptıklarının bir kısmını kendilerine tattırır."[290] Rum Suresi 41. ayette bugün yaşanan ekolojik tahribata açık bir şekilde dikkat çekilmektedir ve gerçekten de insan eliyle oluşan bozulma zincirleme şekilde hava, su, toprak gibi ana tabiat unsurlarına yayıldıkça canlılara yansıyan maliyette ciddi şekilde yayılarak artmakta, tahribatın bir yönü için tedbir alınırken bozulma diğer bir noktada artarak devam etmektedir.

Yeminin oldukça kutsal sayıldığı İslam dininde Yaratıcı'nın insanları uyarırken Güneş'e, Ay'a, incir ve zeytin gibi bitki ve tabiat unsurları üzerine yemin ettiğini dolayısıyla bu tür doğa etmenlerinin yaratıcı indinde ne denli kıymetli olduğunu söyleyebiliriz.

"Yemin olsun o incire o zeytine ve o Sina Dağı'na."[291]

---

[288] Enbiya, 33.
[289] Rahman, 1-8 (ayrıca bkz. Mülk 3-4)
[290] Rum, 41.
[291] tin-1-2.

"Yemin olsun o Güneş'e ve parıltısına, ve Güneş'i izlediği zaman Ay'a ve Güneş'i açığa çıkarttığı gündüze; ve Güneş'i sararken geceye."[292]

"Yemin olsun o dönümlü / döndürümlü göğe ve o (bitkiler ile) çatlayan, yarık yarık olan yere."[293]

"Şimdi yemin ederim ki şafağa, geceye ve derlediğine ve derlendiği zaman aya."[294] ayetlerinde Yaratıcı'nın yeminini doğa unsurları üzerine yaparken onları ne denli kıymetli tuttuğunu görmekteyiz.

"(Vicdanları temiz) ulül-el bab için, kuşkusuz o göklerin ve yerin yaratılışında ve gece ile gündüzün art arda gelişinde kesin ayetler vardır"[295] "Gökyüzünü de korunmuş bir tavan yaptık. Onlar ise o göğün ayetlerinden hala yüz çeviriyorlar."[296] Bu şekilde Kur'an-ı Kerim'deki ayetlerin sadece yazılı sözlerden ibaret sayılmadığı aynı zamanda tabiatın kendisinin de Allah'ın bir ayeti olduğu anlaşılmaktadır.

### 3.3.2. Kuran- Kerim ve Hadislerde Canlılara Merhamet ve Müslüman Ahlakı

Allah'ın çok merhamet edici ve esirgeyen anlamına gelen er-Rahîm ve rahmet ile vasıflanan, rahmet sıfatını Yüce Zâtında bulunduran er-Rahmân sıfatlarının bir tezahürü olan merhamet vasfı, insanın, diğer canlıların ve doğal dengenin korunmasında çok önemli bir değere sahiptir. Kur'an-ı Kerim'de, Allah'ın merhametli olduğu, insanların hem kendilerine hem de diğer canlılara karşı merhametli olmaları salıklanmış olup Rahmet kökünden türeyen yaklaşık 328 ayet ve sayısız hadisle bu konunun önemine dikkat çekilmiştir.[297] İslam dininde gerek ayetlerde gerekse hadislerde defalarca canlılara merhametli olmasının öğütlenmesi ve Müslüman ahlakının bu zaviyede şekillenmesi yüzyıllarca İslam topraklarında

[292] Şems 1-4.
[293] Tarık 11-12.
[294] İnşikak 16-17.
[295] Ali İmran 190.
[296] Enbiya 32. (ayrıca bkz. kehf-17)
[297] Ali Osman Ateş, "İslam ve Doğal Hayatın Korunması", *Ç. Ü. İlahiyat Fakültesi Dergisi*, 3(1), Ocak-Haziran 2003, 2.

insanın doğayla uyumlu bir şekilde yaşamasına imkan vermiştir. Özellikle Hazreti Muhammed'in hayvanlara güzel muamelede bulunulması ve ağaçlandırma konusunda gösterdiği hassasiyet Müslümanlara yol gösterici olmuştur. Hazreti Muhammed'in insanlara olduğu kadar tabiattaki canlılara da gösterdiği merhamet tüm Müslümanlar için örnek teşkil etmelidir. Hz. Peygamberin ağaç dikmeyi özendiren, "Bir Müslüman bir ağaç diker veya ekin eker de bundan bir kuş, insan veya hayvan yerse bu kendi için sadaka olur."[298] ve Ebu Eyyub'dan rivayetle, "Bir kişi bir ağaç dikerse, diktiği ağacın meyveleri kadar Allah ona sevap yazar."[299]

Hayvanlara merhametli olmanın Allah indindeki değerini, şu hadis veciz bir biçimde ifade etmektedir; Ebu Hüreyre'den rivayetle, Hazreti Peygamber: "Vaktiyle bir kimse yolda giderken çok susamıştı. Bunun üzerine kovası olmayan bir kuyu bularak oraya indi ve suyundan içti. Kuyudan çıkınca, bir köpeğin susuzluktan dilini çıkararak soluduğunu ve susuzluktan toprağı yaladığını gördü. Yolcu kendi kendine, bu köpek de benim gibi susuzluktan yanmış, dedi ve tekrar kuyuya inerek ayakkabısına su doldurdu. Sonra ayakkabısını ağzıyla tutarak, tırmanıp kuyudan çıktı ve köpeği suladı. Bunun üzerine Yüce Allah, yaptığı davranışın bir karşılığı olarak o kimseyi övdü ve onun günahlarını bağışladı, buyurdu. Bunun üzerine orada bulunan ashab: Ey Allah'ın Elçisi! Bizim için hayvanları sulamaktan dolayı mükafat var mıdır? diye sordular. Hz. Peygamber de: Evet, bütün yaş ciğer sahiplerini sulamakta bizim için sevap vardır, buyurdu." [300]

Yine Abdullah bin Muğaffel, Hazreti Muhammed'in, onlara zararı fazla olacağından hayvanları sapan ile avlamayı yasaklamış olduğunu nakleder.[301]

---

[298] Muhammed Fuad Abdülbaki, *El-Lü'lüü Vel Mercan*, (Çev.Harun Yıldırım), Sağlam Yayınları, İstanbul 2011, 569.

[299] *Camiü's Sağir Mahatasar-ı Tecrid-i Sarih Terceme ve Şerhi*, Yeni Asya Neşriyat, 3. Cilt, İstanbul 2008, 274.

[300] İbrahim Canan, *Kütüb-i Sitte Muhtasarı Tercüme ve Şerhi*, Akçağ Basım Yayın Pazarlama A.Ş., Ankara 1990, VII, 270.

[301] İmam Muhyiddin En-Nevevi, *Riyazüs Salihin*, (Der. ve Çev.: Abdullah Feyzi Kocaer), Selçuk Üniversitesi Basımevi, 2011, 95,

Esma binti Ebubekir'in rivayetine göre ise Hazreti Muhammed hayvanlara eziyet etmenin Müslümanın şiddetle korktuğu cehennem azabına sebep olduğunu işaret eder.

"Resullah küsuf namazını kılıp namazdan fariğ olduktan sonra: 'Bana namazda cehennem gösterildi. Orada bir kadın gördüm.- Hz.Esma 'zannedersem Resulallah bu kadının yüzünü kedi tırmaliyordu' buyurmaktadır.- 'Bu kadının günahı nedir diye azap meleklerine sorduğumda' onlar 'Bu kadın dünyada bir kediyi aç ölünceye kadar hapsetmiştir' diye karşılık verdiler."[302] Hayvanlara merhamet edilmesi konusunda İslam peygamberinin bu şekilde sayısız nasihati ve hadisi mevcuttur ve onlara kötü şekilde muamelede bulunanlara karşı Müslümanlar arasında önemle yasak ettiği "lanet" kelimesini rahatlıkla kullanması bu konudaki hassasiyetini göstermesi açısından manidardır.

Örneğin İbn-i Ömer, Hz. Muhammed'in canlı hayvanları hedef dikip atış yapanları lanetlediğini aktarır.[303]

Abdullah İbnu Cafer'den rivayetle "Resulallah bir gün Ensâr'dan bir zatın bahçesine girdi. Orada bir deve vardı. Deve Hazreti Peygamber'i görünce böğürdü, inledi ve gözlerinden yaşlar döküldü. Hz. Peygamber, devenin yanına geldi, kulak kökünü okşadı bunu üzerine deve sustu. Resulullah: Bu devenin sahibi kimdir? diyerek ilgi gösterdi. Bunun üzerine Ensâr'dan bir genç: O, bana aittir ey Allah'ın Resulü! dedi. Hazreti Peygamber de: Allah'ın sana mülk kıldığı bu deve hakkında Allah'tan korkmuyor musun? Bak! Bu bana şikayette bulundu. Sen bunu acıktırıyor ve fazla çalıştırarak da yoruyormuşsun, buyurdu.[304]

Hayvanlara eziyet edilmemesi konusunda İslam inanışında ve Hazreti. Peygamber'in hadislerinde kesin hükümler mevcuttur. Müslim'in Hz. Cabir'den münferiden rivayetine göre Hazreti Peygamber bir kere yüzü dağlanmış bir eşeğin yanından geçerken "Şu hayvanı dağlayana Allah lanet etsin diyerek bedduada

---

[302] Zeynüddin Ahmed b. Ahmed, *Sahih-i Buhari Muhtasarı Tecrid-i Sarih Tercemesi*, (Tercüme: Kamil Miras) 7. Cilt, Başbakanlık Basımevi, Ankara 1974, 227.
[303] En-Nevevi, 581.
[304] Canan, VII, 272.

bulunmuştur.[305] İmam- Şafii'nin hayvanlara merhamet hususunda "Haksız yere bir serçe veya daha da küçük bir hayvan öldürenden Allah hesap soracaktır." ifadesi konunun ehemmiyetini göstermesi açısından önemlidir.[306]

Ebu Hureyre'den rivayetle, "Hazreti Peygamber (sav.) sahabelerine, eski peygamberlerden birisinin bir karınca tarafından ısırılınca bütün karınca yuvalarının yakılmasını emrettiğini, bunun üzerine Allah'ın şu sözlerle onu tekdir ettiğini anlatmıştır:

Bir karınca seni ısırdı diye, beni tesbih eden bütün bir topluluğu yaktın."[307] Hayvanlara aşırı yük yüklenmemesi, sağılırken hayvanlara eza verilmemesi için tırnakların kesilmesi, yavrulara yetecek miktarda sütün sağılmadan bırakılması Hz. Muhammed'in doğrudan hayvanlarla ilgili yaptıkları uyarılardır. "Bütün bu rivayetler insanın çevresiyle duyarlı, ölçülü, dengeli bir ilişki kurması gerektiğini gösterir. Zira onlara karşı muamelesinden de hesaba çekilecektir."[308]

Hadislerde olduğu gibi Kur'an-ı Kerim'de de hayvanlar hakkında çarpıcı ayetler mevcuttur. Kehf Suresi 18. Ayette, özellikle üç ilahi dinin üzerinde ittifak ettiği "Yedi Uyurlar" (*Ashab-ı Kehf*) hadisesi anlatılırken onların köpeği olan "Kıtmir" den bahsedilir ve onun da sahipleri olan gençler gibi cennetle müjdelendiği ifade edilir.

"Bir de, onları uyanık halde sanırsın halbuki uykudadırlar ve biz onları sağa sola çeviririz. Köpekleri de girişte iki kolunu uzatmış.(yatıyor.)"[309]

Kur'an-ı Kerim ayetlerinde, birçok yerde vahye muhatap olarak sadece insanın alınmadığı diğer canlılara da Allah'ın vahiylerde bulunduğu açıkça belirtilir.

"Rabbin bal arısına da şöyle vahyetti: Dağlardan ve ağaçlardan ve insanların kuracakları köşklerden göz göz evler edin."[310]

[305] Buhari, XII, 30.
[306] Canan, VII, 287.
[307] Canan, VII, 277.
[308] Yücer, Yılmaz, 328.
[309] Kehf 18.
[310] Nahl 68.

“Rabb: Gökler'e de, Arz'a da, meleklere de, Hz. İsa’nın Havârîler'ine de, Hz. Mûsâ'nın annesine de ve bal arısına da vahyetmiştir.”[311]

Bu durumda, insanın dünya üzerinde kibirle ve kainatın sahibi edasıyla havada ve karada kirliliği yayarak fesat çıkarmaları düşündürücüdür. Nasıl bir arı Allah’ın vahyine insan kadar layık görülüyor ve o sadece kendine verilen görevi ifa ediyorsa, insanın da Kur’an-ı Kerim’de belirtilen şekilde kulluk görevini ifa etmesi ve Allah’ın emanet olarak kendisine verdiği tabiata hürmetle yaklaşması en doğal olanıdır.

Ayetlerde çeşitli hayvanların yararları sayılmış insanların bu ürünleri minnetle tüketmeleri gerektiği öğütlenmiştir. “Kuşkusuz size sağmal hayvanlardan da bir ibret bir ders vardır. Size onun karınlarındakinde pisliği ile kanı arasından katıksız bir süt içiriyoruz.”[312]

“O, hem binesiniz diye hem de süs olarak atları, katırları eşekleri yarattı ve bilemeyeceğiniz daha neler yaratacak”[313] şeklindeki birçok ayette insanın yararlanması için sunulan nimetler sıralanırken diğer yandan insanın bütün bunları tüketirken tabiat ve hayvanların kendisine emanet olarak verildiğinin bilincinde olması ve haddini bilmesi gerektiği konusunda uyarıcı ayetler de hemen peşinden gelmektedir.

“Hem sonra yeryüzünde böbürlenerek yürüme, çünkü sen ne yeri delebilir ve ne de boyca dağlara ulaşabilirsin ”[314] ayeti kerimesini tamamlayıcı bir ayet olarak Nahl suresi 49. ayette;

“Hem göklerde ne var yerde ne varsa hepsi Allah’a secde eder, gerek canlılar kısmından olsun gerek melekler ve bunlar büyüksünmezler.”[315] ifadesiyle çarpıcı bir biçimde diğer canlıların tevazu ve taat yönüyle insanlardan üstün tutulduğunu ifade edilmektedir. Bu durumda kendini kainatın koşulsuz sahibi sanan insanoğlunun bu üstünlük durumunu ciddi biçimde yeniden düşünmesi gerekmektedir. Deylemi’nin

---

311 Ahmed Yüksel Özemre, *Kur'ân-ı Kerîm ve Tabiat İlimleri*, Kaknüs-Furkan Kitabevi, İstanbul 1999, 32.
312 Nahl 66.
313 Nahl 8.
314 İsra 37/273.
315 Nahl Suresi 49/274.

nakletti̇ği bir hadiste, Allah'ın, "Rahmetime ulaşmak isterseniz, yarattıklarıma şefkat ve merhametle muamele ediniz."[316] şeklindeki buyruğunda yer alan "yarattıklarım" kelimesi Allah'ın mülk sahibi olduğu bu alemde sadece insana değil yaratmış olduğu her şeye karşı sahiplenici ve koruyucu olduğunu göstermesi açısından oldukça dikkat çekicidir.

Bir sineğin kanadını yaratmaktan aciz olan insan, doğadaki hayvanları keyfi olarak öldürmekten ve canlılara eziyet etmekten kaçınmalıdır. Bu noktada Allah'ın yaratma gücünün büyüklüğü övülerek "yaratamadığını yok edemezsin" söylemi kendine İslam inancı içerisinde bütün inançlardan daha sağlam bir yer bulmuştur.

İnsanın, sosyal ve doğal çevreyle uyum içinde olmasına özel bir önem veren dinlerin hemen hepsinde doğal çevrenin tahrip edilmesi neredeyse Tanrı'nın düzenine karşı gelmekle eşdeğer olarak görülmüş ve günah sayılmıştır.[317] Çevreye bütüncül bir bakış açısıyla yaklaşan İslam dini, çevreye sadece görünen dünyayı (*eş- şehadet*) değil aynı zamanda Allah'a, görünür dünyadan daha yakın bir ontolojik düzeyde bulunan melekler gibi, doğaüstü varlıkları da dahil etmektedir. "Doğu da Allah'ın, batı da Allah'ındır. Artık nereye dönerseniz dönün, orası Allah'a çıkar. Şüphe yok ki, Allah(ın rahmeti) geniştir, O, her şeyi bilendir."[318] ayeti ile bütün evreni Allah'ın rahmetiyle kuşatmış olduğu ifade edilmektedir. Ayrıca bir çölün veya ormanın ortasında namazını ve ibadetlerini ifa eden bir Müslüman için bütün doğa bir cami bir ibadet alanıdır.[319] Böylece Müslüman nasıl cami, mescid gibi ibadet yerlerinin temizliğine son derece riayet etmekle yükümlüyse, gerek özel gerekse kamusal alanları da birer ibadethane gibi görerek buraların temizliği konusunda da o derede titiz davranmalıdır.

---

[316] Hasan Hüsnü Erdem, *İlahî Hadisler*, Diyanet İşleri Başkanlığı Yayını, Ankara 1985, s.30
[317] Ali Erbaş, (Ed.), *Yaşayan Dünya Dinleri* 7.
[318] Bakara, 115.
[319] Temel Yeşilyurt, "Çevre Problemine Alternatif Bir Yaklaşım: Doğanın Epistemolojik Analizi", *Harran Üniversitesi İlahiyat Fakültesi Dergisi*, Şanlıurfa 1999, 225.

### 3.3.3. İslam Dini'nde İsrafın Haram Görülmesi

Kur'an-ı Kerim'de tabiat insan ilişkisinden bahsedilirken üzerinde durulan diğer bir önemli konu israf ve savurganlık alışkanlığıdır. Birçok ayette israf kötülenmiş "saçıp savuranların şeytanlarla kardeş olduklarından bahsedilmiştir."[320]

Araf Suresi 31.ayette, "Ey Ademoğulları! Her mescide vardığınızda süslerinizi takının; ve yiyin için de israf etmeyin. Çünkü o israfçıları sevmez."[321] buyruğuyla israf konusundaki duyarlılığa vurguda bulunulmuştur. Benzer biçimde tabiattan ve ağaçlardan ölçülü olarak faydalanılması "O, çardaklı, çardaksız olarak bahçeleri, ürünleri çeşit çeşit hurmalıkları ve ekinleri, zeytini ve narı (her biri) birbirine benzer ve (her biri) birbirinden farklı biçimde yaratandır. Bunlar meyve verince meyvelerinden yiyin. Hasat günü de hakkını (*öşürünü*) verin, fakat israf etmeyin.

Çünkü O, israf edenleri sevmez."[322]

Ayeti ile Müslümanlar, Allah'ın sevmediği israftan imtina etmeleri hakkında açıkça uyarılmışlardır.

Bir hadiste Hz. Peygamber şöyle buyurmuştur: "Allâhu Teâlâ, anaya-babaya asi olmanızı, vermeniz icabeden şeyi vermemenizi, hakkınız olmayan şeyi istemenizi, kız çocuklarını canlı canlı gömmenizi haram kıldı ve sizin için dedikoduyu, çok soru sormayı ve (lüzumsuz yere) mal sarfetmeyi (isrâfı da) hoşgörmez."[323] Yine bir defasında Hz. Peygamber, Sa'd'e uğradı. Sa'd bu esnada abdest alıyordu, O'nun suyu aşırı kullandığını görünce; "Bu israf nedir?" diye sordu. Sa'd de, "Abdestte de israf olur mu?" dediğinde Hz. Peygamber de "Evet, hatta akmakta olan bir nehirde abdest alsan bile'' şeklinde cevap vererek abdest alırken suyun israf derecesinde fazla kullanılmasının tabiatta eksilme, kirlenmenin meydana getirmesi, ekolojik dengeye menfi tesir etmesi[324] hususlarını dikkate alarak günümüz çevre probleminin en önemlilerinden olan su kullanımındaki israfa -ekolojik problemlerin bugünkü kadar

---

[320] İsra: 27.
[321] A'raf, 7
[322] En'âm, 141.
[323] Anonim, *Seçme Hadisler*, Diyanet İşleri Başkanlığı Yayınları, Ankara 2004, 117.
[324] Canan, X, 440.

fazla olmadığı - asırlar öncesinden uyarıda bulunmuştur. Bugün ekolojik sorunların temel sacayaklarından birisi hiç şüphesiz aşırı tüketimi tetikleyen aşırı üretimdir. Bu iki olgu yani aşırı üretim ve tüketim sorunsalı çözülmediği takdirde manevi değerler kaçınılmaz olarak yerini maddiyatçılığa, doğanın daha fazla sömürülmesine bırakmaktadır.

Üretimdeki artışı tabiatın taşıma kapasitesi açısından tahlil eden Brown'a göre, ekolojik problemlerin altında yatan sebep insanın, biyolojik taşıma kapasitesinin sınırlarını oldukça fazla aşacak şekilde tabiattan yararlanmasıdır. Taşıma kapasitesini belirleyen şeyin sistemin kendini yenileyebilme gücü olduğu düşünüldüğünde tabiattan yenileyebilme gücünün üstünde yüklenilmesi tabiatın kapasitesini oldukça zorlayacak ve sonuçta tabiatın kendisi tükenecektir. Bugün karşı karşıya kaldığımız problemler de buradan kaynaklanmaktadır.[325] Brown'un bunu neredeyse çeyrek asır önce söylediği varsayılırsa durumun vehameti ortadadır.

İsrafın ve savurganlığın bu denli büyük boyutlara ulaşması bir yandan da bugün kentsel ve yönetimsel açılardan büyük sorunlar yaratan günlük atıkların artışını da tetiklemektedir. Diğer İlahi dinlerdeki gibi İslam dininde de aşırı tüketim açık biçimde hor görülmüş, kaynakların tasarruflu kullanımı, zühd hayatı ve hatta fakirlik övülmüştür. Hz. Peygamberin kanaat içerisinde bir hayat sürdüğü, arpa ekmeğinden doyuncaya kadar peş peşe iki gün yemeden ruhunun kabzedildiği ve ölünceye kadar mükellef bir sofrada yemek yemediği[326] göz önüne alındığında bugün İslam dünyasının içinde bulunduğu aşırı tüketim, sefahat ve bunun sonucunda ortaya çıkan çevre ve ekolojik bozulmaların ne derece İslam diniyle çeliştiği ortaya çıkmaktadır.

Kayaoğlu, İslam Tasavvufunda övülen mütevazı hayatın temelini şu şekilde açıklar:

"İlk devir tasavvuf hayatı samimi bir zühd ve takva hayatı olarak kendini gösterir. Müslümanlar arasında Hz. Osman zamanında başlayan Emevilerde artan bir zenginlik ve refah karşısında fakr-ü zaruret içinde yaşamaktan daha çok, sade bir

---

[325] Uslu, 46.
[326] Canan, VII, 443.

hayat sürmek isteyenler oldu. Tasavvufun başlangıcı, böyle hayat tarzına dayanır. Bu tarz yaşayış Peygamber ve O'nun yakınında bulunan Ehlü's-Suffa'nın hayatını taklit etmek şeklinde anlaşıldı".[327] Hz. Peygamber, "Ben sizin fakir olmanızdan korkmam. Korkum dünyanın sizin üzerinize akıp gelmesidir. Nitekim sizden önce gelenlerin üzerine dünya böyle akmıştır. Böylece hasede düşersiniz, nitekim onlar da düşmüşlerdir. Ondan sonra helak olursunuz. Nitekim onlar da helak olmuşlardır!" diye buyurarak[328] aslında dünya hayatına düşkünlüğü hasede düşmekle eşdeğer tutmuş, aşırı tüketim alışkanlığını zemmetmiştir.

Ulusal ve bölgesel ölçekte, yönetimsel araçlarla önüne geçilmesi neredeyse imkansız hale gelen çevre sorunlarını, hiçbir dinin ve öğretinin tavsiye etmediği bilakis men ettiği israf ve aşırı tüketim alışkanlığının tetiklediği aşikardır. Bu alışkanlıkların bugünkü şekliyle devam etmesi halinde ise çevre sorunlarının artarak devam edeceği toplumları ve ülkeleri ekolojik olarak felakete sürükleyeceği muhakkaktır.

Yüzyıllar öncesinden önemli bir İslâm alimi olan El-Biruni, İslam'ın insanın diğer varlıkları sömürmeye hakkı olmadığını ve onları ancak Allah'ın kanunları çerçevesinde israf etmeden kullanmaya hakkı olduğunu belirtmiştir.[329]

### 3.3.4. İslam Hukuku Çerçevesinde Çevre ve Kamusal Alanların Korunması

Hz. Peygamberin, "Müslüman, Müslümanların elinden ve dilinden güvende olduğu kimsedir"[330] hadisinden, Müslümanların insanlara ve doğal olarak çevreye zarar vermelerinin doğru olmadığı ifadesi çıkarılabilmektedir. Kirli ve dağınık bir çevrenin insan psikolojisine olumsuz etkileri olduğu göz önüne alındığında insanların, çevrenin temiz tutulması ile huzur veren tertemiz bir çevre nimetine de

---

[327] İsmet Kayaoglu, *İslam Kültürünün Doğuşu,* Erişim Tarihi: 04.05.2014, http://dergiler.ankara.edu.tr/dergiler/37/773/9863.pdf, 236
[328] Gazali, 284.
[329] Uzunoğlu, 12.
[330] En-Nevevi, 581.

kavuşmuş olmaktadırlar[331]. Bugünkü çevre sorunlarının temelinde insanlardaki manevi yozlaşmaya koşut olarak büyüyen ve diğer varlıkların dışında - sadece insan eliyle - oluşan ve artan bir kirlilikten bahsedilebilmektedir. İslam dininde temizlik imanın şartlarından birisi olarak en esaslı ve mühim meseleler arasındadır. Bu durumda İslam dinine uygun davranmak isteyen Müslümanların kişisel temizliklerine özen gösterdikleri kadar çevre ve doğaya da duyarlı davranmaları gerekmektedir. İslam dininde, maddi ve manevi temizlik ibadetlerin kabulü için gerekli olduğu kadar imanda kemalin de bir şartı olup başlıca dört kısımda ele alınmaktadır:

1. Beden temizliği.
2. Elbise temizliği.
3. Mekan temizliği.
4. Gıda Temizliği.[332]

İslam'da yakın ve uzak çevrenin temizliğinin, çevre sağlığı, kamusal çevrenin korunması kadar "kul hakkı" boyutuyla da ilişkili olduğu göz önüne alındığında bu hususta Müslümanların sadece dışa bakan yönüyle değil içe bakan yönüyle de gerekli titizliği göstermeleri gerekmektedir. "Çünkü Müslüman sınırsız bir özgürlüğe sahip değildir. Onun özgürlüğü, 'kendisine ve çevresine zarar verdiği' veya 'kendi haklarını ve çevredekilerin hakkını ihlal ettiği' yerde biter. Başkalarının hakkına geçtiği anda karşısına "kul hakkı" adı verilen 'İslam'ın kırmızı çizgisi' çıkar ve onu bundan engeller. Kul hakkı ise Allah'ın affetmeyip hak sahiplerine havale ettiği hassas bir konudur."[333] Hadislerde ortak kullanım alanlarının hor kullanılması sıkça kınanmış ve Hz. Peygamber lanet kelimesini kullanmayı hiç sevmemesi ve Müslümanlara tavsiye etmemesine rağmen bu tür kamu alanlarını kirletici ve çevreye zarar verici fiillerde bulunanları açıkça lanetlemiştir. Hz. Peygamber, "Müslümanları yollarında rahatsız edenlere onların lanetleri vacip olmuştur." hadisiyle ortak

---

[331] Savaş Kocabaş, "Çevreyi Korumaya Esas Teşkil Edecek İslam Hukuku Kaideleri", (Ed. M.Doğan Karacoşkun), *Gaziantep Üniversitesi Çevre ve Ahlak Sempozyum Bildiri Metinleri*, Gaziantep 2014, 131.
[332] Canan, VII, 389.
[333] Veysel Nargül, "İslam Hukukunun Çevre Koruma Algısı Üzerine", (Ed. M.Doğan Karacoşkun) *Gaziantep Üniversitesi Çevre ve Ahlak Sempozyum Bildiri Metinleri*, Gaziantep 2014, 115.

kullanılan kamusal alanların temizliğine riayet etmeyenleri ciddi biçimde uyarmaktadır.[334] İslam dininde, özellikle umre ve hac sırasında ihrama girilmesiyle bireyin çevredeki hayvan ve bitkilere zarar vermekten men edilmesi, avlanmanın helal olmaması, ağaç ve bitkilere zarar vermekten sakınılması ibadet boyutlu uygulamalar olmakla birlikte aynı zamanda çevre koruma müeyyideleri olarak görülebilmektedir.[335]

Hz. Peygamber, Mekke-i Mükerreme bölgesinde, Medine-i Münevvere'de ve Taif şehri ve civarında ağaç kesmeyi ve hayvan avlamayı yasaklayarak bu bölgeleri "Haram Bölgesi" ilan etmiş yani bugünkü tabirle bu alanlar asırlar öncesinde "sit alanı" ve "millî parklar" olarak kabul edilmiştir. Hatta koruluk ilan edilen bu bölgenin haremiyetinin korunması için Hz. Peygamberin Bilâl bin Haris'i korucu olarak tayin ettiği ifade edilmektedir.[336]

Hz. Peygamber haram olan bölgelerde kim bir yasak işlerse veya işleyeni himaye ederse, Allah'ın, meleklerin ve bütün insanların lâneti onun üzerine olsun buyurarak Allah kıyamet gününde, onun ne tevbesini ve ne de fidyesini kabul eder." demek suretiyle, bölgenin fiilen korunmasını sağladığı gibi, yasağı ihlal edenlerin dövülmesi ve malzemesinin müsaderesi şeklinde cezalandırılmasını emretmiştir. Sâ'd bin Ebî Vakkas'ın bir köleyi Medine'de haram bölgedeki bir ağacı kesmekte ve yaprağını düşürmek için silkelemekte olduğundan dolayı cezalandırdığı ifade edilirken yanlışlıkla vuku bulan zararlara karşı da birtakım müeyyideler getirilmesi sözkonusu olmuştur. Muâviye b. Kurre'den nakledildiğine göre hac sırasında, ihramlı bir kimsenin atı, bir deve kuşu yuvasına basarak ezmesi karşısında Hz. Peygamber ceza olarak her yumurta için bir gün oruç ile bir fakir doyurmasını emretmiştir.[337] Haremeyn bölgesindeki bu tür müeyyide ve "talimatlar, ilgili yerlere bir saygınlık kazandırmak için değil, bilâkis halkın şehirlerinin çevresini düzene sokabilecekleri,

---

[334] Canan, VII,3 92.
[335] Nargül, 127.
[336] İbrahim Seyidani, *Kur'an'ın Müslümandan İstediği Çevre Bilinci*, Erişim Tarihi: 18.01.2015, http://www.haksozhaber.net/yaseminler-gulumsuyordu-ellerimiz-kavustugunda-14-23920yy.htm.
[337] Mehmet Dilek, "Hadislerde "Arazi ve Mera Islahına" Yönelik Teşvikler", *Dinbilimleri Akademik Araştırma Dergisi*, IX , 2009, Sayı: 3, 225.

ağaçların kesilmesini, av hayvanlarının öldürülmesini yasaklayabilecekleri, giriş ve çıkışları kontrol edebilecekleri ve bunların dinen güzel ve meşru olduğu anlamına gelir."[338]

İslam inancında Müslümanların çevre sorunlarına sebep değil engel olması gerektiği vurgulanmış bu çerçevede suyun, havanın ve toprağın her türlü kirlilikten korunması kamu mallarının iyi kullanılması, gereksiz yere yapılan avcılık ve otlakçılıktan sakınılması kulluğun bir gereği olarak düşünülmüş böylece doğa korumanın ahlaki olduğu kadar dini ve hukuki boyutları olduğu da vurgulanmıştır. İslam dininde çevre temizliği ve doğal hayatın korunması hususu, sadece kul hakkı boyutuyla sınırlı olmayıp Kur'an-ı Kerim ayetleri ve O'nun hükümlerini hayata geçiren Hz. Peygamberin hadisleri ve sünnetlerinden kaynaklı olarak bir takım müeyyidelere bağlanmıştır. Asırlarca İslam şeriatine göre yönetilen Osmanlı İmparatorluğu döneminde, çevre hukukuna oldukça riayet edilmiş, kamusal alanların korunması için Şehremini, Mimarbaşı, Ebniye-i Hassa Müdürü gibi üst seviyede yetkililer doğrudan görev alırken, Vakıf Mütevellisi, Mahalle İmamları ve Esnaf Kethüdaları da dolaylı olarak sorumlu kılınmıştır.[339] Ayrıca, Sultan II. Bayezid tarafından yayınlanan ve günlük hayatta özelikle alışveriş muamelelerine belirli bir standart getiren Kanunname-i İhtisab-ı Bursa fermanında, taşıma işlerinde hayvanları kullanan nakliyecilerin nalsız hayvan kullanmaktan ve onlara aşırı yük yüklemekten men edilmesi,[340] Osmanlı İmparatorluğu döneminde, hayvan haklarına riayetin bir hukuki temele dayandırıldığını göstermesi açısından önem arzetmektedir. Medeni hukuk çerçevesinde İslam dünyasındaki ilk hukuk kurallarının bütününü ifade eden 'Mecelle' kanunlarında kamu mallarına ve kamusal alanlara bakan yönüyle 'zarar' kavramı birçok maddede işlenmiştir. Mecelle-i Ahkâm-ı Adliyye Kanunu'nda[341]

---

[338] Mehmet Eren, "Çevrenin Korunması Hususunda Hz.Peygamberin Sit Alanı Uygulamaları", (Ed. M.Doğan Karacoşkun), *Gaziantep Üniversitesi Çevre ve Ahlak Sempozyum Bildiri Metinleri*, Gaziantep 2014, 105.

[339] Ahmet, Akgündüz, *İslam ve Osmanlı Çevre Hukuku*, Osmanlı Araştırmaları Vakfı, 2009, 258, 280.

[340] *Kanunname-i İhtisab-ı Bursa,* Türk Standartları Enstitüsü, Ankara 2002, 26.

[341] Mecelle-i Ahkâm-ı Adliye veya kısaca Mecelle, 1868-1876 yılları arasında Ahmet Cevdet Paşa başkanlığındaki bir komisyon tarafından derlenen İslami özel hukuk (medeni hukuk) kuralları kodeksidir. Osmanlı İmparatorluğu'nun son yarım yüzyılında şer'i mahkemelerde hukuki

"Zarar ve mukabele-bizzarar yoktur", "Zarar izâle olunur"[342] hükümlerine dayanarak ortak kullanılan kamu malları ve ortak alanların kullanımı ve korunması hususlarında kamuya zarar veren özel ve tüzel kişiler bu zararları tazmin etmekle yükümlü tutulmaktadırlar. 26. maddede; "Zarar-ı âmmı def için, zarar-ı hâs ihtiyar olunur"[343] denilerek, "amme maslahatı" olarak da bilinen kamu yararı kavramı hususi yararın üzerinde tutulmuştur. Bu madde, çevre sorunları açısından yorumlanacak olursa, kişisel veya kurumsal menfaat sağlamak için doğanın yapısının bozulması ve çevrenin kirletilmesinin uygun görülmeyeceği açıktır. Mecelle, yolların, nehirlerin bakımı ve genel olarak çevre temizliği hususunda da emirler ihtiva etmektedir. Mecelle'de yeralan "Memlûk olmayan nehrin keri ve ıslâhı, yani ayıklanması beytü'l-mal üzerinedir. Ve eğer beytü'l-malin vüs'ati yok ise, anı ayıklamak üzre nâsa cebr olunur"[344] şeklindeki 1321. madde ile sahibi bulunmayan nehrin bakımının ve ayıklanmasının devlet hazinesinden karşılanacağı, hazinede bu işler için para bulunmaması durumunda ise bu işin halka vazife olduğu ifade edilmektedir. Yine 7. maddede yer alan "Zararın Eskisi Yoktur"[345] kaidesi ile çevreye verilen zararın eskiden beri var olmasının onu meşru kılmayacağı hükmü çıkarılabilmektedir. Örneğin, "bir kimsenin atık suyu veya lağımı eskiden beri herkesin su içtiği bir nehre akıyorsa eski olmasına bakılmaksızın onu kaldırması emredilir. Çünkü onun meşru olma imkanı yoktur. Zira hiç kimsenin halka zararlı olan böyle bir şeye izin verme yetkisi bulunmamaktadır. Kaideyi bugüne uyarlayacak olursak; çevreye zararı olduğu, insanlara veya diğer canlılara zararlı olduğu tespit edilen herhangi bir fabrika,

---

dayanak olarak kullanılmıştır. Bir giriş 16 bölümden oluşur ve 1851 madde içerir. Mecelle, kendi çağında 13 yüzyıllık İslami fıkıh geleneği üzerinde inşa edildiği halde, maddeler halinde düzenlenmiş analitik ve pozitif bir hukuk sistemi oluşturma çabasıdır. Doğu Roma İmparatoru Jüstinyen tarafından 6. yüzyılda Konstantinopolis'te hazırlatılan ilk (*code civil*) derlemesinden sonraki ilk örnek olması özelliğiyle İstanbul'u özel bir konuma kavuşturur. Batı ülkelerinin Medeni Kanun (*code civil*) geleneği Büyük Jüstinyen'in 6. yüzyılda hazırlattığı ilk (*code civil*) düzenlemesine dayanır. Mecelle, Tanzimat Fermanı ile açılan dönemin en önemli kanunu ve Osmanlı modernleşmesinin en önemli anıtlarından biridir. Bu anlamda (*modernleşme*) olarak adlandırılan istikametin aslında kökü Konstantinopolis'te, yani İstanbul'da olan bir sürecin ihyası olduğunu da gösterir. http://tr.wikipedia.org/wiki/Mecelle, 23.01.2015.

[342] Ali Himmet Berki, *Açıklamalı Mecelle (Mecelle-i Ahkâm-ı Adliyye)*, Güzel İstanbul Matbaası, Ankara 1959, 10.

[343] Berki, 11.

[344] Berki, 190.

[345] Berki, 10.

kanalizasyon, eskiden beri var olduğuna bakılmaksızın, zararı kesin olarak tespit edildikten sonra kaldırılır."[346] Mecelle'de su kullanma hakkı (*Hakku-ş Şirb*)[347] ve su kuyularına verilen zararın def'i[348] hususlarında da çok sayıda maddeye rastlanmaktadır.

Savaşı insan tabiatının yol açtığı tabi ve arızi bir hâdise olarak ele alan, İslam dini, onu dengelemek için bir takım kaideler koymakta, Hz. Peygamber, savaşın zorunlu olduğu durumlarda bile bir Müslüman'ın belli kaidelerle bağlı olduğunu vurgulamaktadır. İslam savaş hukukunda yaşlılar, kadınlar, çocuklar, ruhbanlar ve mabetler korunmuş olup özellikle ağaçların yakılmaması, hayvanlara dokunulmaması konusunda açık hükümler bulunmaktadır.[349]

Taberi tarihinde ise, Hz.Ebubekir'in savaşta askerlerin ve halkın uymasını kesin olarak istediği emirlerden başlıcaları;

a) Hurma ağaçlarını sökmeyiniz ve onları yakmayınız,
b) Hiçbir meyve ağacını kesmeyiniz,
c) İhtiyaç durumu hariç hiçbir koyun, hiçbir inek hiçbir deve öldürmeyiniz,[350] şeklinde sayılmış savaş halinde bile israftan ve tabi çevreye zarar verilmesinden kaçınılması gerektiği vurgulanmıştır.

Bugün yerleşim birimlerinde, yeşil alanların oldukça az olması, insanların temiz hava soluyabilmek ve dinlenebilmek adına kullandıkları kamusal alanlar olan mesire yerlerinin temizliği konusundaki sıkıntılarını da beraberinde getirmiştir. İnsanların temizlik ve bakımı yeterli olmadığı için oldukça muzdarip olduğu bu mesire yerleri ve piknik alanlarının korunması insan sağlığı açısından önem arz etmektedir. Müslim'den rivayetle Hz. Peygamber şöyle buyurur, "Lanete uğramışlardan olmaktan sakının." Ashab: "Bunlar da kim ey Allah'ın Resulü diye sorunca, "Halkın

346 Kocabaş, 146.
347 Berki, madde: 1324, 191.
348 Berki, madde: 1212, 176.
349 Davut Aydüz, *İslam'da Savaş ve Barış*, Erişim Tarihi: 27/01/2015, http://www.yeniumit.com.tr/konular/detay/islamda-savas-ve-baris
350 Bayrakdar, 80.

gelip geçtiği yollarda, gölgelendikleri yerlerde abdest bozanlardır." [351] Bu hadis, ortak kullanım alanlarının temizliğine riayet etmenin ne kadar gerekli olduğunu göstermesi açısından oldukça önemlidir. Özellikle kamusal alanların temizliği ve korunması hususunda insan sağlığı ve çevre korumacılığı açısından kamu yöneticilerinin gerekli yaptırımları titizlikle uygulamaları, ortak mülkiyet alanlarını kullanan bireylerin ise bu tür yerlerin temizliği ve bakımına gerekli biçimde riayet etmeleri gerekmektedir.

[351] Canan, 390.

# SONUÇ

Bugün yaşanan ancak etkileri ve sonuçları açısından gelecek nesillerin ve canlıların yaşamlarını bile şimdiden tehdit eden ekolojik bunalımın sınırlarını çevre sorunlarına indirgemek olaya dar açıdan yaklaşmak olacaktır. Uslu'nun deyimiyle insanlar tabiatı yola getirirken ortaya çıkan bozulmayı 'çevre sorunları' diye isimlendirerek sanki tabiatın tahribatını kendileriyle alakasız, kendilerinin dışında tasavvur etmektedirler.[352]

Bu noktadan hareketle uzaydan gelmişçesine kendi kendine oluşmuş, sınırsız bir şekilde ve boyutsuzca büyümeye devam eden "bir çevre sorunu" olgusu yerine insan merkezci (*antropocentric*) ve benmerkezci (*egocentric*) temelli bir sorundan bahsetmek daha çok yerinde olacaktır. Sanayileşme ve teknolojinin nimetlerinden yararlanmaya başlanmasıyla 'doğayla uyumlu eski günler' birer efsaneye dönüşmüş insanlar artık "bir metrekare kirlenmemiş toprağa ve bir metreküp temiz hava" ya ulaşabilmek için kilometrelerce yol kat etmek durumunda kalmışlardır.

Maddi gelişme, kalkınma ve tüketim hırsı makro ölçüde ulusları mikro ölçüde ise insanları bu sorunun büyümesi için tetiklemekte ulusal ve ulusal ölçekte alınan yönetimsel önlemler son derece yetersiz kalmakta, kamu yöneticileri, ise gerek -daha çok rant etme hırsıyla hareket eden- çok uluslu şirketler gerekse -daha çok tüketme hırsıyla hareket ederek- kirliliğe bireysel olarak katkıda bulunan halk kitleleri karşısında eli kolu bağlı duruma düşmektedir. Bu noktada yaşanan sorunlara çözüm olması açısından kâinatın başıboş ve sömürülmeye müsait olduğu tezinin aksine onun bir yaratıcının eseri olduğu ve insanlığa sadece bir emanet olarak verildiğinden hareketle din ve inançların devreye girerek insanoğlunu doğaya yaklaşımı konusunda daha bilinçli ve duyarlı davranmaya yönelteceği umulmaktadır.

İnsanın, diğer insanlar, varlıklar ve Allah ile olan münasebetlerini düzenleyen sosyal bir güce ve etkiye sahip olması açısından insanın yaşamdaki faaliyetlerini

---

[352] Uslu, 12.

anlamlandırmada önemli bir etkinliğe sahip olan inançlar[353] kainat tasarımının mükemmelliğine dikkat çekerek bu mükemmelliğin bir yaratıcının eseri olduğunu vurgulayarak insan-tabiat ilişkisinin bu zaviyede şekillenmesine yardımcı olmaktadırlar.

Bütünsellik düşüncesine (*Holism*) dayanan Budizm, Taoizm, Hinduizm gibi Uzakdoğu dinlerinde Alem, Tanrı ve Dünya bir bütünlük içinde ele alınır, dolayısıyla mistik inanışlarda insanın tabiata zarar vermesi Yaratıcıya zarar vermesiyle eşanlamlıdır.

İnsanlar dünyada iken işledikleri kötülükleri, öldükten sonra tekrar dünyaya gelerek öderler, bu durumda eğer bir canlıya zarar verirsen, yeniden dünyaya gelerek aynı muameleye tabi tutulursun gibi bir anafikre dayanan "Reenkarnasyon Düşüncesi" mistik inanışlarda çevre ve tabiata duyarlılığı artırır.

Yahudilik, Hristiyanlık ve İslam dininin ortak adı olan ilahi dinlerin tabiata bakış açısı ise mistik inanışlar kadar doğayla içkin bir Yaratıcı inancına dayanmaz. Lakin burada Yaratıcı kâinatın üzerinde onu yaratan, en küçük zerresine kadar onu detaylandıran ve zerreden küreye mükemmel uyum içerisinde olmasını sağlayandır. Uzun zamandır ilahi kökenli dinlere yöneltilen onların doğayı tahrip etmeye cevaz verdikleri ve tamamıyla insan merkezci (*antropocentric*) temellere dayandıklarına dair iddiaların aslında bu inançların kutsal kitapları okunduğu takdirde asılsız olduğu görülecektir.

Tevrat- Şerif'te, mezmurlarda,

" Ya Rabbimiz Yehova, Bütün yeryüzünde ismin ne azametlidir!

Göklerini, ellerinin işlerini" '[354]

"Koyduğun ay ve yıldızları görünce dedim:

İnsan nedir ki sen onu anasın?

Ademoğlu nedir ki sen onu arayasın?" [355]

---

[353] Mustafa Güven, *Kültürün Bir Unsuru Olarak Din,* Erişim Tarihi: 15.04.2014. http://www.yasambilimleridergisi.com/makale/pdf/1356289858.pdf.

[354] Mezmur 8,1.

[355] Mezmur 8,3-4.

İncil-i Şerif'te Petros'un I. Mektubu 1, 2. Bablarda,

"Bozulan tohumdan değil, hiç bozulmayandan doğdunuz.

Çünkü,

Her canlı varlık tıpkı ot gibidir,

Ve tüm yüceliği otun çiçeği gibidir.

Ot kurur ve çiçeği yere düşer.

Ama Rab'bin sözü sonsuz çağlar boyunca kalır" buyruğu ve Kur'an-ı Kerim'de yer alan Al-i İmran suresi 191. ayette "Onlar ki gerek ayakta ve oturuken ve gerekse yanları üzerinde yatarken hep Allah'ı zikrederler ve göklerin, yerin yaratılışı konusunda düşünürler: ''Ey Rabbimiz!, derler, bu evreni boşa yaratmadın, Sübhansın, O halde bizleri o ateşin azabından koru!''[356] ayeti ile Yaratıcı'nın kainatın mutlak hakimi olduğu ve insanın sanılanın aksine sadece bir emanetçi olduğu ifade edilmektedir. Buradan hareketle insan, tabiatı Yaratıcı'nın bir eseri olarak görmeli ve onu sınırsız hırsları için tahrip etmeyi bırakmalıdır. Bu ise en azından gelecek nesillere asgari düzeyde de olsa yaşayabilecekleri bir dünya bırakabilmeleri açısından son bir gayretle manevi ilerleme ve gelişmeyi maddi kalkınma ve sınırsız büyüme miti yerine koyabildikleri ölçüde mümkün olabilecektir.

[356] Âli İmrân: 191.

# KAYNAKÇA

A Primer For Christian Ethics, Erişim Tarihi: 02.02.2014, http://lamar.colostate.edu/~rolston/Ecology-primer.pdf,

Abdest Almanın Adabı, Erişim Tarihi: 04.04.2016 http://mturkey.net/2016/04/04/abdest-almanin-adabi-suyu-israf-etmemek/

Abdülbaki, Muhammed Fuad, *El-Lü'lüü Vel Mercan*, (Çev.: Harun Yıldırım), Sağlam Yayınları, İstanbul 2011.

Adam, Baki, *Yahudilikte Din Kavramı ve Din Anlayışı*, Dinler Tarihi Yayınları, Ankara 2000.

Akgündüz, Ahmet, *İslam ve Osmanlı Çevre Hukuku*, Osmanlı Araştırmaları Vakfı, 2009.

Akkoyunlu, Ertan Kıvılcım, "Çevre Etiği", *Amme İdaresi Dergisi*, 31(1), Mart 1998, 125-139.

Akkuş, Merve, *Hayatı ve Düşünceleri ile Bir "İktisatçı": Ernst Friedrich Schumacher*, Erişim Tarihi: 14/06/2014, http://isahlakidergisi.com/wp-content/uploads/2014/06/sayi07-akkus-tr.pdf

Alıcı, M., "Kutsal'a Giden Yol: Dinler Tarihi'nde Bir Metodolojik Yaklaşım veya Bir Bilim Olarak Din Fenomenolojisi", *Dinbilimleri Akademik Araştırma Dergisi, 3*, 2005, 73-120.

*Ana Britannica Ansiklopedisi*, İstanbul 1990, II.

Atasağun, Galip, "Yahudilikte Dini Sembol ve Kavramlar", *Selçuk Üniversitesi İlahiyat Fakültesi Dergisi,* Sayı: 9, Konya, 2001.

Ateş, Ali Osman, "İslam ve Doğal Hayatın Korunması", Ç. *Ü. İlahiyat Fakültesi Dergisi,* 3(1), Ocak-Haziran 2003, 2-34.

Avcı, Casim, *İlk Dönem İslâm Tarihi,* Anadolu Üniversitesi web-ofset, Eskişehir 2013, 61.

Aydüz, Davut, *İslam'da Savaş ve Barış*, Erişim Tarihi: 27/01/2015, http://www.yeniumit.com.tr/konular/detay/islamda-savas-ve-baris.

Aygün, Banu ve Mutlu, Ahmet, "Ekolojik Toplumun Organik Toplumla İlişkisi Üzerine", *Ankara Üniversitesi SBF Dergisi*, 2006, 61(1), 1-35.

Ayten, Ali, "'Sahip Olma' mı 'Emanet Görme' mi? Çevre Bilinci ve Dindarlık İlişkisi Üzerine Bir Araştırma", *Dinbilimleri Akademik Araştırma Dergisi,* 10(2), 2010, 203-233.

Bayraktar, Mehmet, *İslam ve Ekoloji*, Diyanet İşleri Başkanlığı Yayınları, İstanbul 992.

*Benedikten Düzeni*, Erişim Tarihi: 02/05/2014, http://www.hristiyanforum.com/forum/ showthread.php?t=337183

Berguer, Georgias, *The Life of Jesus*, Covent Garden, 1923.

Berki, Ali Himmet, *Açıklamalı Mecelle (Mecelle-i Ahkâm-ı Adliyye),* Güzel İstanbul Matbaası, Ankara 1959.

Berktay, Fügen ve Atasoy, Emin, "Dinler Cografyasına Küresel Bir Bakıs, (A Global Perspective İnto Geography of Religions)", *Balıkesir Üniversitesi Sosyal Bilimler Enstitüsü Dergisi,* 10 (18) Aralık 2007, 18-44.

Bochelar, Martine ve Kerry, Brown, *Budizm, Ekoloji*, İGDAŞ Yayınları, İstanbul, 1997

Bookchin, Murray, *Özgürlüğün Ekolojisi,* (Çev.: A. Türker), Ayrıntı Yayınları, İstanbul 1994.

Breuilly, Elizabeth ve Palmer, Martin, *Hristiyanlık ve Ekoloji,* Mehveş Kayani İGDAŞ Yayınları, İstanbul 1997.

*Buddhism- Ecology*, Erişim Tarihi: 16/05/2014, http://www.ecodharma.com/influences-articles/buddhism-ecology

*Buddhism and the end of Economic Growth*, Erişim Tarihi: 16/05/2014, http://www.ecobuddhism.org/wisdom/editorials/beoeg

*Budizm ve Nirvana*, Erişim Tarihi: 12/06/2014, www.maxımumbılgı.com.

*Budizm ve Vejetaryenlik*, Erişim Tarihi:18/04/2014, http://www.budist.net/budizm-ve-vejetaryenlik.html,

*Budizm*, Erişim Tarihi:13/06/2014, http://gizlimi.com/dinler-tarihi/budizm.

*Budizm*, Erişim Tarihi:13/06/2014, http://panteidar.wordpress.com/2012/05/27/budizm

*Büyük Larousse*, İnterpress Yayınları, İstanbul 1986.

*Camiü's Sağir Mahatasar-ı Tecrid-i Sarih Terceme ve Şerhi*, Yeni Asya Neşriyat, 3. Cilt, İstanbul 2008.

Canan, İbrahim, *Kütüb-i Sitte Muhtasarı Tercüme ve Şerhi*, 7. - 10. Ciltler, Akçağ Basım Yayın Pazarlama A.Ş., Ankara 1990.

Capra, Fritjof, *Batı Düşüncesinde Dönüm Noktası*, İnsan Yayınları, İstanbul 1992.

*The Holy Rule of St. Benedict*, Erişim Tarihi: 12/05/2014, http://www.catholicspiritualdirection.org/rulebenedict.pdf.

Cilacı, Osman, "Günümüzde Din İhtiyacı ve Din Eğitimi", *Selçuk Üniversitesi İlahiyat Fakültesi Dergisi*, Sayı:3, Konya 1990, 191-212

Çelik, Canan, *Modern ve Postmodern Tartışmalarda Teknoloji, Doğa, İnsan,* (Yayımlanmamış Yüksek Lisans Tezi), G.Ü. Sosyal Bilimler Enstitüsü, Ankara 1994.

Çepel, Necmettin, *Genel Ekoloji*, Matbaa Teknisyenleri Basımhanesi, İstanbul 1983.

Çetin, Ali ve Çetin Rabiye, "Küreselleşme ve İslam'ı Yeniden Yorumlama İhtiyacı", *Küreselleşme Sürecinde Din Eğitimi Sempozyum Bildiri Kitabı*, Osmangazi Üniversitesi Basımevi, Eskişehir 2013.

Çiğdem, Recep, "Yahudi ve İslâm Hukukunda Su Ürünlerinin Tüketilmesi", *Acta Turcica*, Yıl: 1, Sayı: 1, Ocak 2009, *Çevrimiçi Tematik Türkoloji Dergisi*, (*Online Thematic Journal of Turkic Studies)*, Erişim Tarihi:17.04.2014, www.actaturcica.com,

Çolakoğlu, Elif, "Çevresel Güvenlik ve Türk Dış Politikası - Türk Dış Politikasında Güvenlik Arayışları Temel Faktörler", *Kavramlar Süreç ve Gelişmeler,* (Ed.: M.Seyfettin Erol, Ertan Efegil), Barış Platin Yayınları, Ankara 2012.

Çolakoğlu, Elif, "Haklar Söyleminde Çevre Eğitiminin Yeri ve Türkiye'de Çevre Eğitiminin Anayasal Dayanakları", *T.B.B. Dergisi*, Sayı: 88, 2010. 151-171

Çubukçu, İbrahim Agah, "Kültürümüzde Din", *Ankara Üniversitesi, İlahiyat Fakültesi Dergisi,* 30 (1), Erişim Tarihi: 17.04.2014, http://dergiler.ankara.edu.tr/dergiler/37/774/9881.pdf. 131-141

Çüçen, Abdulkadir, *Derin Ekoloji*, Erişim Tarihi: 17.04.2014, http://blog.aku.edu.tr/ometin/files/2011/12/derinekoloji.pdf.

Demir, Necati, *Felsefe'nin Menşei Üzerine Bazı Düşünceler,* Erişim Tarihi: 01.02.2014, http://eskidergi.cumhuriyet.edu.tr/makale/239.pdf.

Demirci, Kürşat, "Yahudi Mistisizminin Temel Özellikleri ve Gelişimi", *İnsan ve Toplum Bilimleri Araştırmaları Dergisi, Journal of the Human and Social Science Researches*, 1(4), 2012, Erişim Tarihi: 12.03.2014

Des Jardins, Joseph R Jones, *Çevre Etiği (Environmental Ethics An Introduction To Environmental Philosophy)*, (Çev.: Ruşen Keleş), İmge Yayınevi, Ankara 2006.

Dilek, Mehmet, "Hadislerde "Arazi ve Mera Islahına" Yönelik Teşvikler", *Dinbilimleri Akademik Araştırma Dergisi,* IX, 2009, Sayı: 3, 211-230

Doğan, Sema, "Ortaçağ Manastır Sistemi: Doğu ve Batı Manastırları", *Hacettepe Üniversitesi Edebiyat Fakültesi Dergisi,* 20(2), 2003.

Doko, Enis, *Dâhi ve Dindar: Isaac Newton: Din ve Bilim İlişkisinde Konuşma Sırası Newton'da,* Genel Dağıtım İstanbul Yayınevi, İstanbul 2011.

*Dört Element,* Erişim Tarihi: 19.06.2014, http://www.sevivon.com/index.php?option =com_content&task= view&id=1168& Itemid=39#Content,

Duran, Remzi, (ed.), *Mitoloji ve Din*, Anadolu Üniversitesi Web-Ofset, Eskişehir 2012.

Ecer, A. Vehbi, *Hira Dağından Erciyes Dağına Dağların Kutsallığı*, Erişim Tarihi: 06.05.2014, http://www.kayder.org.tr/sizdengelenler1.pdf.

Eliade, Mircea, *Dinsel İnaçlar ve Düşünceler Tarihi*, Cilt: 1, (Çev. Ali Berktay), Kabalcı Yayınevi, İstanbul 2003.

En-Nevevi, İmam Muhyiddin, *Riyazüs Salihin*, (Der. ve Çev.: Abdullah Feyzi Kocaer), Selçuk Üniversitesi Basımevi, Konya 2011.

Erbaş, Ali, *Yaşayan Dünya Dinleri*, Anadolu Üniversitesi web-ofset Tesisleri, Eskişehir 2013.

Eren, Mehmet, *Çevrenin Korunması Hususunda Hz. Peygamberin Sit Alanı Uygulamaları*, (Ed. M. Doğan Karacoşkun) Gaziantep Üniversitesi Çevre ve Ahlak Sempozyum Bildiri Metinleri, Gaziantep, 2014.

Eroğlu, Ahmet Hikmet, *Hristiyanların Bölünme Sürecine Genel Bir Bakış,* http://dergiler.ankara.edu.tr/dergiler/37/751/9612.pdf. Erişim Tarihi: 25.06.2014

*Eski ve Yeni Ahit*, Kitab-ı Mukaddes Yayınevi, İstanbul 1997.

*Evrenin İnce Ayarı,* Erişim Tarihi: 06.05.2014, http://www.sevivon.com/index.php?option=com_content&task=view&id=1168&Itemid=39#Content.

Ferkiss, Victor, *Nature and Tecnology*, Society Culturel Roof of the Current Envirentent Crissis New York University Pres, New York, 1993.

Freyer, Hans, *Din Sosyolojisi,* (Çev.: Turgut Kalpsüz), Ankara Üniversitesi Basımevi, Ankara 1964.

Gandhi, M. K., *The Essence of Hinduism,* (Editör. V. B. Kher), The Navajivan Trust, Ahmedabad 1987.

Gazali, İmam, *Ölüm ve Ötesi*, Sağlam Yayınevi, İstanbul 1999.

Görmez, Kemal, *Çevre Sorunları ve Türkiye*, Ankara 1997.

*Guatama Buddhanın Hayatı*, Erişim Tarihi: 03/03/2014, http://epistemoloji.blogspot.com.tr/2008/07/guatama-buddhann-hayat.html.

Günay, Nasuh, "Tarihi Süreç Açısından Budizm ve Öğretisi", *Arayışlar Dergisi*, 1(3), Isparta 1999, 173-194.

Gürsel, Deniz, *Çevresizsiniz*, İnsan Yayınları, İstanbul 1989.

Güven, Mustafa, *Kültürün Bir Unsuru Olarak Din,* Erişim Tarihi: 15.04.2014, http://www.yasambilimleridergisi.com/makale/pdf/1356289858.pdf,

*Hindu Statements on the Environment,* Erişim Tarihi: 03/03/2014, http://greenfaith.org/religious-teachings/hindustatements-on-the-environment.

*Hinduism and The Environment,* Erişim Tarihi: 05/03/2014, http://www.hinduismtoday. com/modules/smartsection/item.php?itemid=5161.

*Hürriyet Gazetesi*, "Yoksulluğa İsyan Etmek, Servet Hırsı ve Zenginleri Kıskanmak En Büyük Günahlardandır'', 8 Temmuz 2002

*Hürriyet Gazetesi*, "Dünyayı Tükettik Acil Yenisi Aranıyor", 8 Temmuz 2002, 12.

Ilgar, Rüştü, "Sosyal Ekoloji ve İnanç İlişkisinin İrdelenmesi, (Evaluation of Social Ecology and Belief Relationship)", *Marmara Coğrafya Dergisi,* Sayı: 13, İstanbul Ocak 2006.

*İçsel Huzurdan Dışsal Barışı Elde Etmek,* Erişim Tarihi: 19/05/2014, http://www.berzinarchives.com/web/tr/archives/study/comparison_buddhist_traditions/general/survey_basic_forms_buddhism.html.

*İncil*, Matta, Ohan Matbaacılık, İstanbul 1999.

İslam Ran, Zafer, *Talmud'un Doguşu ve Yahudiler Üzerindeki Tesiri*, (Çev:. Mehmet Aydın), Erişim Tarihi: 18.05.2014, http://dergiler.ankara.edu.tr/dergiler/37/771/9809.pdf. 139-152

İsraf Nedir? Peygamberimizin Ailesinin Bu Konudaki Tutumu Nasıldı? Erişim Tarihi: 21.05.2014, http://www.frmez.org/ soru-cevap/ 157308-israf-nedir-peygamberimizin-ailesinin-bu-konudaki-tutumu-nasildi.html,

Johnsson, Gordon, *Atlaslı Büyük Uyg. Ans. Hint Dünyası,* (Çev.: Müfide Pekin), İletişim Yay., İstanbul 1998.

*Kanunname-i İhtisab-ı Bursa,* Türk Standartları Enstitüsü, Ankara, 2002.

Karabal, Mehmet, *Biyolojik Çeşitlilik Kavramı,* Erişim Tarihi 01/07/2015, http://cevreegitimi.weebly.com/7

b304yoloj304k-ccedile350304tl3041304k.html.

Karataş, İbrahim Ethem, "Hinduizm'in Vedalar Döneminde Güneş Tanrıları", *Dokuz Eylül Üniversitesi İlahiyat Fakültesi Dergisi,* 2(36), 2012, 249-265.

Kaufmann, Francine and Eisenbergl, Josy, *Yahudi Kaynaklarına Göre Yahudilik,* (Çev:. Mehmet Aydın), 262-283, Erişim Tarihi:'18.06.2014, http://dergiler.ankara.edu.tr/dergiler/37/770/9794.pdf.

Kayaoğlu, İsmet, *İslam Kültürünün Doğuşu,* Erişim Tarihi: 04.05.2014, http://dergiler.ankara.edu.tr/dergiler/37/773/9863.pdf ,

Keleş, Ruşen ve Hamamcı, Can, *Çevrebilim*, İmge Yayınevi Ankara 1993.

Keleş, Ruşen, *İnsan Çevre Toplum*, İmge Yayınevi, Ankara 2006.

Khalid, Fazlun ve O'Brien, Joenne, *İslam ve Ekoloji*, (Islam and Ecology), (Çev.: Murat Çiftkaya), İGDAŞ Yayınları, 1992.

Kılıç, Selim, "Modern Topluma Ekolojik Bir Yaklaşım", *Kocaeli Üniversitesi Sosyal BilimlerEnstitüsü Dergisi* 2(12), 2006, 108-127,

Kılıç, Sadık, *Uluslarası Bediüzzaman Sempozyumu IV*, Sözler Yayınevi, İstanbul 1998.

Kışlalıoğlu, Mine ve Berkes, Fikret, *Çevre ve Ekoloji*, Remzi Kitabevi, İstanbul 1997.

Kızıl, Hayreddin, *Hint ve İran Mitolojilerine Göre "Mitra",* 26-41, Erişim Tarihi: 05.04.2014, http://www.e-sarkiyat.com/ makaleler/10.sayi/3.pdf.

*Kitabı Mukaddes Tevrat-ı Şerif*, İstanbul Matbaacılık, İstanbul 1972.

Kocabaş, Savaş, *Çevreyi Korumaya Esas Teşkil Edecek İslam Hukuku Kaideleri,* (Ed. M.Doğan Karacoşkun) Gaziantep Üniversitesi Çevre ve Ahlak Sempozyum Bildiri Metinleri, Gaziantep, 2014, 131-152.

Kurt, Ali Osman, "Yahudilik'te Koşer ve Koşer Ekonomisi", *C.Ü. İlahiyat Fakültesi Dergisi*, XIV(2), 2010.

Kutlutürk, Cemil, *Upanishadlar'ın Hint Kutsal Metinleri Arasındaki Yeri ve Önemi*, (Yayınlanmamış Yüksek Lisans Tezi), Ankara Üniversitesi Sosyal Bilimler Enstitüsü Felsefe ve Din Bilimleri (Dinler Tarihi) Anabilim Dalı, Ankara 2009.

Mecelle, http://tr.wikipedia.org/wiki/Mecelle, Erişim Tarihi: 23.01.2015.

Mohapatra, A.Ranjan, "Hinduizm", (Çev. Hidayet Işık), *Selçuk Üniversitesi İlahiyat Fakültesi Dergisi*, Sayı: 13, 2002, 211- 227.

Nargül, Veysel, "İslam Hukukunun Çevre Koruma Algısı Üzerine", (Ed. M.Doğan Karacoşkun), *Gaziantep Üniversitesi Çevre ve Ahlak Sempozyum Bildiri Metinleri,* Gaziantep 2014.

Nasr, Hüseyin, *İnsan ve Tabiat*, (Çev:. Nabi Avcı), Ağaç Yay., İstanbul 1991.

Noyan, Ö. Faruk, *Dünden Bugüne Ekoloji Gerçeği*, Erişim Tarihi:23/11/2014, http://ekoloji.com.tr/resimler/1-3.pdf.

O'Brien, Barbara, *Buddhist Economics*, E.F. Schumacher's Prophetic Ideas, http://buddhism.about.com/od/basicbuddhistteachings/a/schumaker.htm

*Oneness of Self and Environment*, Erişim Tarihi:18/06/2014, http://www.sgi.org/buddhism/buddhist-concepts/ oneness-of-self and environment.html,

Ortaçağ, Erişim Tarihi: 08.05.2014, http://www.baskent.edu.tr/~nesrins/courses/ psk301/PSK301DERS3 ORTACAG.pdf.,

*Our Sacred Earth Hinduism and The Environment*, Erişim Tarihi: 13/06/2014, 05.03.2014, http://greenfaith.org/religious-teachings/hindu-statements-on-the-environment.

Özdemir, İbrahim, *Çevre ve Din Çevre*, Bakanlığı Yay., Ankara 1997.

Özdemir, İbrahim, *Çevre ve Din*, Erişim Tarihi: 13/06/2014, http://www.cekud.org.tr/ h_img/h_img/%C3%87EVRE %20ve%20D%C4%B0N.pdf.

Özdemir, İbrahim, *Dünya Denen Bu evde Yalnız Değiliz*. Erişim Tarihi: 12.05.2014, http://www.academia.edu/5666766/dunya_denen_bu_evde_yalnız_degılız-ozdemır_mulakat.

Özemre, Ahmed Yüksel, *Kur'ân-ı Kerîm ve Tabiat İlimleri*, Kaknüs-Furkan Kitabevi, İstanbul 1999.

Özerkmen, Necmettin, "İnsan Merkezli Çevre Anlayışından Doğa Merkezli Çevre Anlayışına, From Antropocentric Perspective to Eco- Centric Perspective". *Ankara Üniversitesi Dil ve Tarih-Coğrafya Fakültesi Dergisi* 42(1-2), 2002, 167-185.

Palmer, Martin, *Hristiyanlık ve Ekoloji*, Sina Ofset, İstanbul 1997.

Polat, Salihe, *Hıristiyanlık'ta Manastır Hayatı*, (Yayımlanmamış Yüksek Lisans Tezi), Ankara Üniversitesi Sosyal Bilimler Enstitüsü, Ankara 2004.

Ranchor, Prime, *Hinduizm ve Ekoloji*, (Çev:. Mehveş Kayani), İGDAŞ Yayınları, İstanbul 1997.

Renan, Ernest, *İsa'nın Hayatı*, MEB Yayınevi, İstanbul 1997.

Rose, Aubrey, *Yahudilik ve Ekoloji*, (Çev.: Mehmet Demirhan), İGDAŞ Yayınları, İstanbul 1992.

Rolston, Holmes, A Primer For Christian Ethics, Erişim Tarihi: 02.02.2014, http://lamar.colostate.edu/~rolston/Ecology-primer.pdf

Sayar, Süleyman, "Yahudi Karakteri, (Tarihî ve Sosyo-Psikolojik Bir Yaklaşım)", *Uludağ Üniversitesi İlâhiyat Fakültesi Dergisi*, 9(9), 2000.307-324

*Seçme Hadisler*, Diyanet İşleri Başkanlığı Yayınları Ankara 2004.

Seyidani, İbrahim, *Kur'an'ın Müslümandan İstediği Çevre Bilinci*, http://www.haksozhaber.net/yaseminler-gulumsuyordu-ellerimiz-kavustugunda-14-23920yy.htm, Erişim Tarihi: 18.01.2015

Sivananda, Sri Swami, *All About Hinduism*, A Divine Life Society Publication, India, 1999.

*Sosyal Bilimler Ansiklopedisi*, I-II, Risale Yay., İstanbul 1990.

Sunar, Cavit, *İslam Dininin Kaynağı ve Gayesi*, 59-95, Erişim Tarihi: 02.05.2014, http://dergiler.ankara.edu.tr/dergiler/37/767/9722.pdf.

*Tanrı'nın Tarihi Karen Armstrong*, Erişim Tarihi: 02.05.2014, http://www.altinicizdiklerim.com/ozetler/_Tanrinin.pdf.

Tanyu, Hikmet, *Dinler Tarihi Araştırmaları*, Ankara Üniversitesi Basımevi, Ankara 1973.

Taplamacıoğlu, Mehmet, *Din Sosyolojisi*, Ankara Üniversitesi İlahiyat Fakültesi, Ankara 1963.

Tarakcı, Muhammet, "Hristiyanlık'ta Vahiy Anlayışı", *Uludağ Üniversitesi İlahiyat Fakültesi Dergisi*, 12(2), 2003, 171-201

*Tayland'ın Filleri*, Erişim Tarihi: 13/07/2014, http://www.nationalgeographic.com.tr/ngm/0510/bilgi.aspx?Konu=5

*Temel Britannica*, Anadolu Yayıncılık, İstanbul 1993.

*Tora'nın Düşündürdükleri*, Erişim Tarihi: 05.06.2014, http://www.sevivon.com/index.php?option=com_content&task=blogcategory&id=98&Itemid=65.,

Toynbee, Arnold and İkeda, Daisaku, *Yaşamı Seçin*, (Çev.: Umut Arık), A.Ü. Basımevi, Ankara 1992.

Troll, Christian W., *Tarihî Bir Olay Olarak Hristiyanlık,* (Terc.Talip Özdeş), http://eskidergi.cumhuriyet.edu.tr/makale/ 258.pdf. Erişim Tarihi: 26/04/2014

Tümer, Günay, *Çeşitli Yönleriyle Din*, Erişim Tarihi, 15.01.2015, http://dergiler.ankara.edu.tr/dergiler/37/773/9864.pdf.,

Türkgülü, Mustafa İnsan ve Çevre, http://www.diyanetdergisi.com/diyanet-dergisi-30/konu-501.html, Erişim Tarihi:16.01.2015

Ulutürk, Muammer, *Hristiyanlık'ta Havarilik,* (Yayımlanmamış Doktora Tezi), Selçuk Üniversitesi Sosyal Bilimler Enstitüsü, Konya 2005.

Uslu, İbrahim, *Çevre Sorunları, Kainat Tasarımındaki Değişimden Ekolojik Felaketlere*, İnsan Yayınları, İstanbul 1995.

Uzunoğlu, Selim, "İnsan-Tabiat İlişkileri", *Ekoloji ve Çevre Dergisi,* Sayı: 13, Ekim-Kasım-Aralık 1994. 10-13

Ünal, İbrahim, *Çevre*, İslam ve İnsan Gençlik Yay, İstanbul 1994.

Ünder, Hasan, "Çevre Ahlakı: İnsan Merkezcilik ve Çevre Merkezcilik", *Adakentliyim*, 97(2), Yıl 3, Sayı 10, Ankara, 1997.

Ünder, Hasan, *Çevre Felsefesi*, Doruk Yayımcılık, Ankara 1996.

Wach, Joachim, *Din Sosyolojisine Giriş*, (Çev.: Battal İnandı), Ankara Üniversitesi Basımevi, Ankara 1930.

*What is Ecology*?, Erişim Tarihi: 01/03/2014, www.worldofteaching.com/powerpoints/.../What%20is%20Ecology.ppt

Yamı, V. Şafak, "Budizm'in Çin'e Girişi ve Madhyamika Okullarının İlk Evreleri", *Türk-İslam Medeniyeti Akademik Araştırmalar Dergisi*, Yıl: 6 Sayı: 12, Konya, 2011, 89-110.

Yardımcı, Sanem, *İnsan-Doğa İlişkisi Ekseninde Derin Ekoloji ve Toplumsal Ekoloji,* (Yayımlanmamış Yüksek Lisans Tezi), Ankara Üniversitesi Sosyal Bilimler Enstitüsü Siyaset Bilimi ve Kamu Yönetimi Anabilim Dalı, Ankara 2006.

Yaşar, Gamze Aslan, "Ortaçağdan Günümüze "Modernite": *Doğuşu ve Doğası Adıyaman Üniversitesi Sosyal Bilimler Enstitüsü Dergisi,* Yıl: 4 Sayı: 7, Aralık 2011,10-26.

Yavuz, Kerim, "Günümüzde Din Psikolojisi", *Atatürk Üniversitesi İlahiyat Fakültesi Dergisi, 8*, Erzurum 1988, 253-264.

Yazır, Elmalılı Hamdi, Kuran-ı Kerim Türkçe Meali, Ayfa Basın, Yayın, İstanbul, 1998,

Yeşilyurt, Temel, "Çevre Problemine Alternatif Bir Yaklaşım: Doğanın Epistemolojik Analizi", H*arran Üniversitesi İlahiyat Fakültesi Dergisi*, Şanlıurfa 1999.

Yitik, Ali İhsan, *Hinduizm'de Din ve Din Anlayışı: Dharma Kavramı*, Dinler Tarihi Derneği Yayınları, Ankara 2002.

Yücer, Hür Mahmut ve Yılmaz, Sinan, "Şeriat ve Tasavvuf Bağlamında Din-Çevre İlişkisine Sosyolojik Bir Yaklaşım", *Tarih Kültür ve Sanat Araştırmaları Dergisi (Tüketim Toplumu ve Çevre Özel Sayısı),* 1(4) 2012, 319-333.

Yücesan, T. Halid, *Ekolojik Dengede Zamanın Rolü,* Erişim Tarihi: 19/05/2014, http://www.sizinti.com.tr/konular/ayrinti/ekolojik-dengede-zamanin-rolu.html,

Zeynüddin Ahmed b. Ahmed, *Sahih-i Buhari Muhtasarı Tecrid-i Sarih Tercemesi*,7-12. Ciltler (Tercüme: Kamil Miras) Başbakanlık Basımevi, Ankara 1974.

Zaim, Sebahattin, *İslam ve İktisadi Nizam*, Zafer Matbaası, İstanbul 1979.

FSC
www.fsc.org
MIX
Papier | Fördert
gute Waldnutzung
FSC® C083411

Kolibri 360 GmbH
Ferdinand-Jühlke-Straße 7
99095 Erfurt, Deutschland
produktsicherheit@kolibri360.de

Druck:
CPI Druckdienstleistungen GmbH
im Auftrag der
Kolibri 360 GmbH
Ferdinand-Jühlke-Str. 7
99095 Erfurt